식물과 함께한 하루

끌리지만 망설이는 식물 초심자를 위한 안내서

일러두기

1. 맞춤법과 띄어쓰기는 표준국어대사전을 기준으로 했다.
   단 통상적으로 흔히 사용되어 익숙하거나 굳어진 경우는 예외이다.
2. 식물의 학명은 국제 규칙에 따라 속명(Genus), 종명(species epithet) 순으로, 이탤릭체로 표기했다.
3. 식물의 이름(학명, 국문명)은 국가표준식물목록(산림청)을 근거로 했으며, 한반도의 생물다양성(환경부), 국립종자원, 뉴질랜드 왕립원예연구소, 미국 특허청, JOMO Studio, Gertens를 참고했다.
   필요한 경우에는 유통명을 기재했다.
4. 식물명 표기에서 품종명은 작은따옴표(' ')로 구분했다.

식물과 함께한 하루

끌리지만 망설이는 식물 초심자를 위한 안내서

발행일 2025년 12월 30일 초판 1쇄 발행

펴낸곳 국립생태원
펴낸이 이창석
지은이 신중선
책임편집 장지덕
기획 이정대 | 감수 강창훈 박수영
사진 주경덕 정재하 | 편집 진행 및 디자인 파피루스
협찬 조인폴리아 인스타그램 @joinfolia
화분팜 인스타그램 @hwabunfarm_siczipsa

신고번호 제458-2015-000002호 | 주소 충남 서천군 마서면 금강로 1210
홈페이지 www.nie.re.kr | 전화 041-950-5409 | 전자우편 press@nie.re.kr

ISBN 979-11-6698-795-3 13480

My Little Forest

× 식물과 함께한 하루

끌리지만 망설이는 식물 초심자를 위한 안내서

신중선 지음

차례

Part 8 식물이 주는 일상 속 행복 식물의 속도, 내 하루의 리듬

2. 우리 집은 작은 숲 식물 컬렉션

Part 1 처음 만나는 식물 그냥 곁에 두고 싶었다

환경 적응력이 높고 관리가 쉬운 식물

Part 2 식물이 더 좋아질 때 네가 보내는 신호

환경 적응력은 있으나 주의가 필요한 식물

도심 속 식물생활자로 살면서

사람마다 식물을 기르는 목적과 기대하는 바가 다를 테고 계기도 같지 않을 것이다. 내 경우는 지금의 우리 집이 나를 이 방향으로 이끌었다고 볼 수 있다. 12년 전 이사를 위해 여러 곳을 다니던 중, 화단을 보고 바로 이 집을 선택했다. 생활의 불편함이 얼핏 떠오르기도 했지만.
높이 솟은 은행나무, 아담한 단풍나무, 그 아래로 붓꽃과 나리꽃, 옥잠화 같은 정겨운 식물들이 지천이었다. 마삭줄과 돌나물 같은 지피식물도 잔뜩 엎드려 있었고, 담벼락은 담쟁이로 뒤덮여 있었다. 점령군처럼 당당한 담쟁이들 사이, 그 틈새를 비집고 몇 줄의 아이비도 조용히 기어가고 있었다.
나는 소설을 쓰는 사람이라 책상과 한 몸처럼 살고 있었다. 그런데 이곳으로 이사한 후로는 아침에 눈을 뜨면 식물을 보러 마당에 나가는 일이 습관이 되었고, 하루에도 몇 번이나 들락거렸다. 이미 식물들과 눈을 맞추었음에도 또 보고 싶어졌다. 살랑이는 바람결을 몸 전체로 받아들이고, 정수리가 따갑게 햇볕도 쬐었다. 그 덕에 항상 피로했던 내 눈도 덩달아 휴식을 취하게 되었다. 작은 쉼터가 된 것이다.

계절이 바뀌고 날이 차가워지니 화단도 쓸쓸한 모습으로 바뀌었다. 황폐해진 자연을 마주하게 되자 내 마음도 허전해졌다. 푸르름이 그리웠다. 한 며칠 생각하다가 결정했다. 주어진 풍경을 감상만 할 것이 아니라 능동적으로 대처해 보자, '내 손으로 한번 키워 보자.'라고.
사전 지식도, 계획도 없이, 그저 마음에 들면 무조건 들여놓고 보는 식으로 시작했다. 그러다 보니 시행착오가 거듭되었다. 식물을 성공적으로 키우는 건 생각보다 어려웠다. 잎이 왜 누렇게 변하는지, 어제까지만 해도 싱싱하던 잎사귀가 왜 갑자기 시들해지는지 알 수 없었다. 식물들은 수시로 내 곁을 떠나갔다. 당시에는 인지하지 못했지만 생태적 균형이 무너진 탓이었나 보다. 떠나보낸 식물에게 미안한 마음이 들었지만, 빈자리는 곧 다른 식물로 채웠다. 돌이켜보면, 식물을 예뻐할 줄만 알았지 생명으로서 책임질 줄은 몰랐던 것 같다.

식물에 눈을 뜬 초창기에는 눈과 귀가 온통 식물들에만 열려 있었다. 개체수를 늘리고 싶은 마음에 식물 번식을 수없이 시도했다. 그 과정을 통해 생태계 안에서 생명력을 확장하고 어떤 연결점을 만드는 생장 메커니즘을 이해하게 되었고, 생태적 감수성이 내 속에 스며들었다.

이제 조금은 알 것 같다. 식물은 어디에 존재하든 하나의 생태적 존재로서 끊임없이 상호작용하고 있다는 사실을. 물과 빛, 온도와 습도, 공기 그리고 식물과 식물 사이의 거리에 이르기까지 모든 것이 연결되어 있다는 걸 체감하게 된 것이다.

동네 작은 식물가게에서도 쉽게 만날 수 있는 식물들을 다루었다. 대체로 직접 경험한 개체들이다. 돌보는 게 서툴러서 내 곁을 떠난 식물도 있고, 지금도 내 곁에서 잘 지내고 있는 식물도 있다. 이 책을 쓰면서 식물들과 함께 지내며 겪었던 감정과 느낌, 잔잔한 에피소드들이 생생하게 떠올랐다. 누군가의 공간에서 펼쳐질 그만의 작은 세상을 떠올리며, 그로 인해 싱그러운 활력이 가득하길 바란다.

2025년 12월 신중선

1.

식물과 함께하는 시간

Part 1

식물을 키운다는 건?

식물과 교감하는 과정이다

1. 기다림을 배우는 일이다

홈가드닝은 '집 마당이나 실내, 베란다에서 식물을 가꾸는 활동'을 뜻한다. 하지만 식물과 함께 지내다 보면, 이것이 전부가 아니라는 사실을 깨닫게 된다. 우리가 식물을 키운다고 생각했지만, 사실은 식물이 우리를 성장시켰음을 인지하게 되는 것이다.

식물을 키우다 보면, 자연스럽게 기다림의 미덕을 배우게 된다. 처음에는 조급한 마음에 매일 화분을 들여다보지만, 이내 그들만의 성장 리듬이 있다는 사실을 알게 된다. 식물은 흙속에서 제 할 일을 할 뿐이고, 그 시간 동안 우리의 역할이란 없다. 오직 기다리는 일만이 가능하고 관심을 주는 게 우리가 할 수 있는 최선이다. 식물은 인간의 속도에 맞춰 자라지 않는다. 물을 더 준다고 해서 빨리 자라지도 않고, 햇볕을 많이 쬐어 준다고 해서 금세 꽃을 피우지도 않는다. 식물은 각기 자신만의 리듬을 가지고 있다. 우리는 그 리듬을 존중하고 기다릴 수밖에 없다.

홈가드닝은 기다림을 통해 식물과 교감하는 과정이다. 눈에 보이지 않는 시간 속에서도 생명은 자라고 있으며 우리는 그 생명을 믿고 지켜보는 법을 배운다. 한낱 취미에 그치는 게 아니라 기다림이라는 삶의 태도를 깨닫게 되는 것이다.

2. 내면의 평화를 찾아가는 여정이다

식물은 단순히 공간을 채우는 장식품이 아니란 것, 이 말은 식물을 키워 보면 알게 된다. 식물을 돌보는 과정에서 즐거움이 생겨나고, 메말라 있던 감성이 돌아온다. 마음이 촉촉해진다. 식물은 대가 없이 위로와 행복을 선사한다. 식물과 함께하다 보면 저절로 마음이 정돈되고 내면의 평화가 찾아온다. 흙을 만지고, 물을 주고, 잎을 살피는 반복적인 행동은 바쁜 일상에서 벗어나 온전히 나 자신에게 집중하는 시간을 선물하기도 한다.

홈가드너로 살아가는 일은 초록빛을 가진 생명과 함께 호흡하며 성장해 나가는 여정이다. 이 여정을 즐겁게 지속하기 위해서는 식물과 교감하는 것이 중요하다. 식물이 보내는 작은 신호를 알아차리고 적절히 반응해 주는 게 우리가 해야 하는 일이다.

식물에 집중하는 일은 마치 명상과도 같아서 마음의 평화를 가져다준다. 공기 정화나 습도 조절도 식물이 주는 중요한 기능이지만, 정서적 안정도 그에 못지않다. 느리지만 확실하게 우리를 더 깊고 평온한 상태로 이끌어 준다.

Part 2

나에게 맞는 홈가드닝 스타일 찾기

낯설지만, 설렘으로 시작된다

1. 알아 두면 쓸모 있는 식물분류법

식물 분류는 다양한 기준으로 이루어질 수 있으며, 크게 학문적인 분류와 생활 속에서의 실용적인 분류로 나눌 수 있다. 식물분류법을 이해하면 나에게 맞는 식물을 찾는 데 도움이 된다.

생육 형태 중심의 분류

- **덩굴식물_** 줄기가 다른 구조물을 감거나 구조물에 붙어서 길게 뻗으며 자라는 식물. 아이비, 몬스테라, 호야, 스킨답서스, 마삭줄, 싱고니움 등.
- **착생식물_** 다른 식물이나 구조물에 붙어 자라며 흙 없이 생존하는 식물. 틸란드시아, 디스키디아, 풍란, 고사리류, 립살리스, 이끼류 등.
- **초본식물_** 줄기가 부드럽고 나무처럼 단단해지지 않는 식물. 해바라기, 민들레, 피튜니아, 라벤더, 호스타, 꽃다지 등.
- **목본식물_** 줄기와 가지가 목질화되어 단단하게 자라는 식물. 나무가 대표적이지만, 모든 목본식물이 나무인 것은 아니다. 소나무, 은행나무, 단풍나무, 너도밤나무, 마가목, 머루, 다래 등.

생육 환경 중심의 분류

- **건생식물_** 건조한 환경에서도 물 없이 잘 자라는 식물. 선인장류, 알로에베라, 바오밥나무, 에케베리아 등.
- **습생식물_** 습한 토양에서 잘 자라는 식물. 고사리류, 파피루스, 창포 등.
- **수생식물_** 물속 또는 물가에서 자라는 식물. 부레옥잠, 연꽃, 수련, 어리연, 살비니아 쿠쿨라타, 물달개비, 부들 등.
- **착생식물_** 습한 환경에서 공기 중의 수분과 양분을 흡수하며 자라는 식물. 박쥐란, 넉줄고사리, 난초류, 브로멜리아드과 등.

원예나 실생활 중심의 분류

- **관엽식물_** 주로 잎을 감상하는 식물. 몬스테라, 스킨답서스 등.
- **다육식물·선인장_** 잎·줄기·뿌리에 물을 저장해 건조한 환경에서도 살아남는 식물. 녹태고, 용신목선인장 등.
- **관화식물_** 주로 꽃을 관상하는 식물. 제라늄, 안스리움 안드레아눔, 칸나 등.

관리 난이도에 따른 분류

- **관리 난이도 '하' 식물_** 비교적 키우기 쉬운 식물. 스킨답서스, 고무나무 등.
- **관리 나이도 '중' 식물_** 통풍이나 햇빛 요구량이 다소 까다로운 식물. 알로카시아, 올리브나무, 켄차야자, 커피나무, 필로덴드론 등.
- **관리 난이도 '상' 식물_** 섬세한 물 관리와 환경 조절이 필요한 식물. 고사리류, 아라우카리아, 황칠나무, 유칼립투스, 풍란 등.

2. 홈가드닝의 목적 파악하기

홈가드닝은 단순히 식물을 기르는 행위를 넘어 삶 속에 다양한 목적과 의미를 담고 있다. 시작하는 이유는 사람마다 다르지만 내가 어떤 식물을 원하는지, 그 식물이 나와 잘맞을지 제대로 인지한다면 식물과 함께하는 시간이 더욱 깊고 풍요로워진다.

정서적 안정과 힐링을 원한다면

식물을 돌보는 행위는 마음을 다스리는 데에도 도움이 된다. 물을 주고, 잎을 닦고, 자라는 모습을 지켜보는 과정은 일상의 스트레스를 덜어 주는 치유의 시간이다. 특히 도시 생활 속에서 자연과 연결되는 소중한 통로가 된다.

인테리어와 분위기 연출을 원한다면

개성 있는 공간을 원한다면 큰 잎을 가졌거나 독특한 모양을 이루는 식물이 좋다. 몬스테라, 알로카시아, 유칼립투스 등이 여기에 속한다. 아기자기한 분위기를 연출하고 싶다면 다육식물 위주로 선택하면 좋다.

공기 정화가 목적이라면

실내의 공기질을 좀더 좋게 하는 식물로 아레카야자나 고무나무 등을 들 수 있다. 환기가 잘 되게 관리하면서 키우면 더 좋은 효과를 볼 수 있다.

식용이 목적이라면

베란다 텃밭이나 옥상 정원에서 직접 키운 채소와 허브는 신선하고 안전하다. 바질, 상추, 토마토, 고추 등은 비교적 키우기 쉬우며, 요리에 바로 활용할 수 있어 만족감이 크다.

Part 3

식물을 키우기 전 필수 체크 리스트

한 번의 시선, 그리고 첫인사!

1. 우리 집 환경 진단하기

홈가드닝을 시작하기 전에 가장 먼저 해야 할 일은 우리 집의 환경을 진단하는 것이다. 식물은 저마다 좋아하는 환경이 다르므로 먼저 이리저리 집안을 살펴본 후 적합한 식물을 들이도록 한다. 실내에서 기를지 바깥에서 기를지도 식물을 들이기 전에 미리 생각해 두면 좋다.

- **공간_** 바닥, 선반, 벽 등 식물을 놓을 공간의 크기와 위치를 확인한다. 공간이 좁으면 벽걸이 형태의 식물이나 다육식물이 적합하고, 공간이 넓다면 유칼립투스나 고무나무 등 키 큰 식물을 추천한다. 마당이 있다면 상록수나 허브 등도 좋다. 실내 식물로 널리 알려져 있는 향토란이나 극락조화, 올리브나무 등의 관엽식물도 4월 초중순에서 5월 초경 밖에 내놓았다가 선선해질 무렵 실내로 들이면 더욱 건강하게 자랄 수 있다. 지역별로 중부 내륙은 9월 말에서 10월 초, 남부 내륙은 10월 말, 제주도는 11월 중순, 강원 산간 등은 9월 중순경이 실내로 들이는 적기이다.
- **채광_** 창문의 방향과 햇빛이 드는 시간을 확인한다. 남향, 동향, 북향인가도 미리 점검한다. 햇빛이 충분한 환경이면 선인장이나 로즈마리 등이 적합하고, 간접적인 빛이면 몬스테라나 스킨답서스 등을 추천한다.
- **온도_** 배치할 공간의 온도에 적합한 식물인지 확인한다.
- **습도_** 우리 집이 건조한 환경인지, 습도 유지가 가능한 환경인지도 확인한다. 건조한 환경이면 다육식물이나 산세베리아 등이 좋고, 습한 환경이면 고사리류나 칼라테아 등을 추천한다.
- **통풍_** 공기 순환이 잘 되는지, 창문을 자주 열 수 있는 환경인지 확인한다. 환기에 문제가 없다면 모든 식물에 유리하다. 환기가 어렵다면 서큘레이터 등을 활용하여 공기를 순환시켜 준다.

2. 건강한 식물을 고르는 노하우

건강한 식물을 선택하는 것은 홈가드닝의 성공 여부에 절반을 차지할 만큼 중요하다. 식물가게나 꽃 재배단지 등에서 식물을 고를 때 기본적으로 확인해야 할 사항은 아래와 같다. 참고로 가게에 새로 들어온 식물을 선택하면 수분 스트레스가 적고 해충의 위험도도 낮아 비교적 안전하다.

- **잎 상태 확인하기_** 윤기 있고 색이 선명한 잎을 선택한다. 노랗거나 갈변된 잎, 구멍 난 잎은 피한다.
- **줄기와 뿌리 살펴보기_** 줄기가 단단하고 곧은 식물을 선택한다. 화분의 배수 구멍에 뿌리가 튀어나와 있으면 뿌리 과밀의 우려가 있으니 피한다.
- **해충 흔적 살피기_** 잎 뒷면, 줄기 사이에 벌레나 끈적한 물질이 있으면 피한다. 작은 흰 점, 거미줄 같은 흔적도 주의한다.
- **흙 상태 보기_** 적당히 촉촉하고 배수가 잘되는 흙이 이상적이다. 너무 젖어 있거나 냄새나는 흙은 피한다.
- **전체 균형 살피기_** 전체적으로 균형 잡힌 형태를 고른다. 한쪽으로 기울거나 잎의 수가 너무 적은 식물은 스트레스 상태일 수 있다.

3. 나의 라이프 스타일 파악하기

홈가드닝은 꾸준한 관심과 노력이 필요한 취미이다. 나의 생활 방식을 고려하여 적절한 식물을 선택하도록 한다.

- **바쁜 직장인형_** 관리하기 쉬운 식물을 선택한다. 환경 적응력과 생명력이 강한 스파티필룸, 아이비, 스킨답서스 등을 추천한다.
- **힐링 취미형_** 성장 과정이 재미있고 다양한 형태로 키울 수 있는 식물이 잘 맞는다. 잎의 변화가 뚜렷해서 키우는 재미가 있는 몬스테라, 필로덴드론, 칼라디움 등을 추천한다.
- **홈바디형_** 집에 머무는 시간이 많은 사람이라면 공간을 아름답게 만들어 주는 식물이 좋다. 잎의 형태나 색감이 독특한 알로카시아, 몬스테라, 우산고무나무, 극락조화 등이 적합하다.
- **여행이 잦은 이동형_** 물 주는 주기가 긴 식물을 선택한다. 관리하기 쉬운 다육식물이나 선인장류, 호야 등이 적합하다.
- **가족 중심형_** 아이들이나 반려동물과 함께 사는 집이라면 식물의 독성 여부를 확인한다. 페페로미아나 아레카야자 등이 적합하다.
- **감성 인테리어형_** 분위기 있는 공간을 좋아하고, 인테리어 소품으로 식물을 활용하고 싶다면 독특한 잎 모양이나 개성 있는 색감을 가진 식물이 적합하다. 개인의 취향과 공간의 크기 등 조건에 따라 다르겠지만 시각적으로 매력적이며 생기를 불어넣어 주는 드라세나, 마란타, 황칠나무 등을 추천한다.

Part 4

필요한 식물 맞이 준비물

익숙하지 않아 더 오래 바라보았다

1. 화분

새집 들이기

화분은 식물의 집이다. 재질에 따라 다양한 종류가 있으며, 각기 장단점이 있다. 기르는 식물에 알맞은 화분을 선택하는 것이 중요하다.

- **토분_** 점토를 고온에서 구워 만든 흙 화분을 말한다. 통기성이 좋다. 흙속의 수분을 적절히 조절해 주어 과습을 방지하는 데 탁월하다. 다만, 수분 증발이 빨라 물을 자주 줘야 하는 단점이 있다. 다육식물, 허브류 등이 적합하다.
- **세라믹 화분_** 유약을 입힌 도자기 화분을 말한다. 미적인 측면으로 봤을 때 인테리어 소품으로 활용하기에 좋지만, 통풍이 잘 안되는 편이라 물 관리에 신경을 써야 한다. 칼라테아, 페페로미아 등이 적합하다.
- **시멘트 화분_** 모던한 분위기 연출에 좋지만 무거워서 이동이 어렵고, 바닥 손상의 우려가 있다. 대형 식물이나 인테리어 포인트용으로 적합하다.
- **목재 화분_** 나무로 만든 자연 친화적인 화분이다. 따뜻한 분위기를 주며, 야외 공간에 잘 어울린다. 습기에 약해 부패의 가능성을 염두에 둬야 한다. 정원용 식물이나 허브류 등을 심으면 어울린다.
- **유리 화분_** 주로 테라리움 형태로 사용되며, 식물의 뿌리까지 관찰할 수 있는 장점이 있다. 아디안툼, 애기모람 등을 키울 때 적합하다.
- **플라스틱 화분_** 가볍고 저렴하며 디자인과 색상이 다양하다. 수분 증발이 적어 물을 자주 주지 않아도 되지만 통풍이 잘 안되는 단점이 있다. 초보자용으로 좋다. 식물 대부분에 해당한다.

2. 흙

뿌리내리고 살아갈 터전

좋은 흙은 배수가 잘되면서도 식물에게 필요한 영양분이 적절히 배합되어 있다. 그러나 모든 식물에게 다 좋은 흙이란 없다. 식물에 따라 적합한 성분의 흙을 섞어서 사용하기도 하지만, 식물을 키운 지 얼마 되지 않아 잘 모르겠다면 시중에서 파는 흙을 사용하면 마음 편하다.

- **상토_** 부엽토, 펄라이트, 피트모스 등을 혼합한 흙으로 배수성과 보습성이 좋다. 대부분의 식물에 적합하다.
- **다육식물·선인장 전용 흙_** 마사토, 모래 등이 혼합된 흙으로 배수성과 통기성이 매우 좋다.
- **난초류 전용 흙_** 바크나 질석 위주의 흙으로 통기성을 극대화한 흙이다.
- **씨앗 파종용 흙_** 코코피트와 펄라이트가 혼합된 흙으로 가벼운 입자이며 병원균이 적다.
- **일반 흙_** 식물을 화분에 심어 실내에서 관리할 경우 적합하지 않다.

TIP

- **상토_** 일반 흙 대신 화분에 사용하는 배합토.
- **부엽토_** 낙엽이 분해되어 만들어진 유기질 토양.
- **펄라이트_** 화산암을 고온에서 팽창시켜 만든 가벼운 무기질 소재.
- **피트모스_** 습지에서 형성된 이탄을 건조·가공한 원예용 토양 재료.
- **마사토_** 배수성과 통기성이 뛰어난 화산암 기반의 입자 토양.
- **바크_** 나무껍질을 잘게 부순 재료로 통기성과 배수성 향상에 도움을 준다.
- **질석_** 흡수성과 보습력이 뛰어난 광물성 토양 첨가제.
- **코코피트_** 코코넛 껍질에서 추출한 토양 재료. 수분 유지에 탁월하다.

3. 가드닝 도구

심고 가꾸고 다듬고

- **화분 망**_ 화분 바닥 배수구를 덮어 흙 유실을 방지하고 물 빠짐을 돕는다.
- **물뿌리개**_ 흙에 직접 물을 줄 때 사용한다.
- **분무기**_ 잎에 습도를 공급하거나 벌레를 떼어낼 때 사용한다.
- **모종삽, 삽**_ 분갈이를 할 때 흙을 담거나 식물을 옮겨 심을 때 사용한다.
- **원예용 장갑**_ 흙을 만지거나 가시가 있는 식물을 다룰 때 손을 보호해 준다.
- **지지대**_ 식물이 곧게 자라도록 돕는다.
- **가위, 전정가위**_ 시든 잎이나 가지를 잘라 식물의 건강을 유지하고, 모양을 다듬을 때 필요하다.
- **식물 생장등**(LED grow light)_ 자연 햇빛을 대체하거나 보완하기 위해 만든 인공조명이다. 식물과 생장등 사이의 거리는 약 30cm가 적당하다. 너무 가까우면 잎이 탈 수 있고, 너무 멀면 효과가 떨어진다.
- **미니 가습기**_ 실내 습도가 낮을 경우, 식물의 잎이 마르거나 성장이 저해될 수 있다. 특히 열대식물은 습도 유지가 중요하므로 도움이 된다.
- **온습도계**_ 식물에 알맞은 실내 온도와 습도를 그때그때 확인할 수 있다.

NASA 선정, 공기 정화 식물

연구 배경은 우주선

우주선처럼 밀폐된 공간에서는 휘발성 유기 화합물 같은 독성 물질이 빠져나가지 못하고 축적되기 때문에 승무원들의 건강이 위협당할 수 있었다.

실험 방식

NASA(미국항공우주국)는 임상 실험을 통해 밀폐된 공간에 식물을 넣고 오염 물질을 고농도로 주입한 뒤 24시간이 지나는 동안 유해 농도가 얼마나 줄어드는지 측정했다. 그 결과 일부 식물이 포름알데히드·벤젠·일산화탄소 등 독성 화학 물질을 제거한다는 사실을 확인하게 되었다.

왜 식물인가

식물은 광합성을 통해 산소를 공급할 뿐만 아니라 뿌리와 잎, 토양 미생물과 함께 공기 중 독성 물질을 흡수·분해하는 기능도 수행한다는 점에 착안했다. 1989년 당시 실험 대상 식물은 12종이었다. 위 실험의 주 연구자가 이후로도 비슷한 연구를 지속적으로 시행, 1996년 공기 정화 식물 목록 50종을 등재한 저서를 발간했다. 효능 순위별로 TOP 10은 아래와 같다. ① 아레카야자 ② 관음죽 ③ 대나무야자 ④ 인도고무나무 ⑤ 드라세나 데레멘시스 '자넷 크레이그' ⑥ 아이비(헤데라) ⑦ 피닉스야자 ⑧ 긴잎고무나무 '얼라이' ⑨ 보스턴고사리 ⑩ 스파티필룸

연구 결과의 반향과 비판

이 연구 결과는 대중에게 알려지면서 큰 반향을 불러일으켰지만, 동시에 비판도 제기되었다. NASA의 연구는 완전히 밀폐된 실험실이라는 환경에서 진행되었으나 일반 가정이나 사무실은 그에 비해 비교적 공기 순환이 이루어지고, 오염 농도가 낮은 환경이어서 그대로 적용하기에 무리가 있다는 것이다.

Part 5

우리 집에 온 것을 환영해!

이제는 알아버린 존재, 마음이 깊어진다

1. 첫 배치는 신중하게

식물은 잎의 색, 방향, 성장 속도로 자신의 상태를 알려 준다. 첫 배치를 할 때는 '이 식물이 이 공간에서 잘 지낼 수 있을까?'라는 질문을 던져 본다. 이런 태도가 식물과의 교감을 시작하는 첫걸음이다.

새 식물을 데려왔다면, 가장 먼저 해야 할 일은 '자리 선정'이다. 식물을 어디에 둘지 정하는 것은 식물의 생존과 직결되는 문제이다. 식물마다 좋아하는 햇빛의 양, 습도, 온도가 모두 다르기 때문이다.

햇빛을 좋아하는 식물이라면 볕이 잘 드는 곳에 두어야 하고, 반그늘을 좋아하는 식물이라면 직사광선을 피해 밝은 그늘이 있는 곳이나 창가에서 조금 떨어진 곳에 놓는다. 높은 습도를 선호하는 식물이면 욕실에 두는 것도 하나의 방법이다. 햇빛을 좋아하는 식물을 그늘에 두면 잎이 노랗게 변하거나 웃자랄 수 있고, 반대로 그늘을 좋아하는 식물을 강한 햇볕에 두면 잎이 타들어 갈 수 있다.

통풍 또한 식물이 잘 자라는 데 중요한 요소이므로 공기 순환이 잘 되는 장소에 배치하여 쾌적한 환경에서 자랄 수 있도록 도와준다.

TIP

- 처음에는 이동이 쉬운 화분에 두고 며칠간 식물의 반응을 살펴본다.
- 식물 이름+환경 조건을 검색해 보면 더 정확한 배치 정보를 얻을 수 있다.

2. 흙 마름의 정도 진단하기

식물을 처음 집에 들여왔을 때는 먼저 흙의 상태를 확인한다. 흙이 얼마나 마른 상태인지 진단하는 건 식물의 건강을 지키는 첫걸음이자 매우 중요한 일이다. 흙 마름 정도를 진단하는 방법은 아래와 같다.

- **손가락 테스트**_ 손가락을 흙속에 2-3cm 정도 깊이로 넣어 본다. 촉촉하면 아직 물을 줄 필요 없고, 약간 건조하면 물 주기를 고려해도 좋다. 완전히 건조해졌다고 여겨지면 즉시 물을 준다.
- **나무 꼬치 테스트**_ 손에 흙을 묻힐 상황이 안되면 나무 꼬치를 흙에 깊숙이 꽂아 넣었다가 빼본다. 꼬치에 흙이 거의 묻어 나오지 않으면 물을 줄 때이다. 흙이 축축하게 묻어 나오면 아직 물을 주지 않아도 된다.
- **흙의 색깔 관찰**_ 촉촉한 흙은 짙은 갈색 또는 검은색이고, 마른 흙은 회갈색 또는 밝은 갈색이다.

- **흙의 질감 확인**_ 촉촉한 흙은 손에 닿았을 때 차갑고 부드럽게 뭉쳐지고, 마른 흙은 가루처럼 흩어지고 거칠며 손에 잘 묻지 않는다.
- **화분 무게로 판단하기**_ 화분을 들어 봐서 무거우면 흙에 수분이 충분한 상태이며, 가벼우면 흙이 많이 말라 있을 가능성이 있다.
- **식물의 잎 상태로 판단하기**_ 잎이 축 처지거나 말라 있다면 흙이 너무 건조하거나 과습 상태이다.

3. 숨어 있는 해충 찾기

해충이 있는 걸 모르고 그대로 방치하면 다른 식물에까지 해를 끼칠 수 있으므로 확인하는 과정이 반드시 필요하다.

- **잎 앞뒤를 꼼꼼히 살펴보기**_ 해충은 잎의 뒷면이나 잎줄기 근처에 숨어 있는 경우가 많다. 작은 점처럼 보이는 것이나 하얀 가루, 거미줄 같은 것이 보이면 해충의 흔적일 수 있다.
- **흙 표면과 줄기 주변을 관찰**_ 흙 위에 작은 벌레가 움직이는지, 줄기 근처에 끈적한 액체나 이상한 얼룩이 있는지 살핀다. 흙속에 버섯파리 유충이 숨어 있을 수도 있으니 흙을 살짝 파보는 것도 좋다.
- **종이 테스트**_ 흰 종이를 식물 아래에 깔고 잎을 톡톡 두드려본다. 작은 벌레들이 떨어지면 해충이 있다는 것이다.
- **냄새 확인**_ 해충이 많은 식물은 특유의 불쾌한 냄새가 날 수 있다. 특히 썩은 듯한 냄새가 난다면 뿌리나 줄기에 문제가 있는 것이다.
- **격리 기간 두기**_ 새 식물은 최소 1-2주 정도 다른 식물과 떨어진 곳에 두고 관찰하는 게 좋다.

TIP

식물을 들인 후에 미지근한 물로 잎을 닦아 주거나 희석한 식초 혹은 유황 비누로 가볍게 씻어 주는 것도 좋다.

4. 인내심은 필수, 꾸준한 관찰이 필요해

식물은 우리가 생각하는 것보다 훨씬 느리게 그리고 조용히 성장한다. 눈에 띄는 변화가 없다고 해서 조급해하지 않도록 한다. 인내심을 가지고 식물의 작은 변화들을 꾸준히 관찰하는 자세가 필요하다. 식물의 속도에 맞춰 함께 하는 마음가짐이 무엇보다 중요하다.

새잎이 돋아나고 꽃이 피기까지는 많은 시간이 필요하다. 이 과정에서 식물이 아픈 신호를 보내는 일도 있으니 주의깊게 관찰한다. 잎의 색이 변하거나, 줄기가 힘없이 축 늘어지는 등의 변화가 바로 식물이 보내는 메시지이다. 이러한 변화를 제때 알아차리고 적절히 조처해 주려면 꾸준히 관심을 가지고 살펴봐야 한다.

매일 아침, 식물에 인사를 건네며 잎의 상태를 살펴보거나 흙 마름을 확인하는 습관을 가지게 되면 틀림없이 전에 없던 즐거움 하나가 더해졌음을 느낄 것이다.

양지에서 음지까지, 식물의 빛 지도

식물을 키우기에 적당한 곳은 어디인가. 식물을 들일 때 중요한 생존 요건 중 하나인 햇빛을 고려하여 가장 먼저 그에 알맞은 장소부터 찾는다. 그런데 생각해 보면, 양지·반양지·음지·반음지 등의 말이 정확히 이해되지 않아 정작 혼란스럽기도 하다. 하루에 햇빛을 얼마나 직접적으로 받느냐, 즉 햇빛의 양과 강도에 따라 구분되는 장소와 표현들을 알아본다.

직사광선이 필수적인 환경

- **양지(전 일조)**_ 하루 중 6시간 이상 직사광선이 내리쬐는 장소. 태양광이 가장 강렬하게 도달하는 곳으로, 식물이 자랄 수 있는 햇빛 조건 중 가장 높은 수준이다. 남향 베란다, 옥상, 마당 등 햇볕이 쨍쨍한 장소.

직사광선과 그늘이 섞인 환경

- **반양지(부분 일조)**_ 하루 중 3-6시간 정도 직사광선이 들어오는 장소. 주로 아침 햇살이나 오후의 햇살처럼 비교적 약한 직사광선을 받는다. 동서향 창가.
- **반음지(부분 그늘)**_ 주로 이른 아침 또는 늦은 오후, 즉 햇빛이 약한 시간대에 2-4시간 정도 짧게 직사광선이 들어온다. 나무 아래나 건물의 동쪽.

직사광선이 거의 없는 환경

- **밝은 그늘(밝은 간접광)**_ 직사광선이 전혀 들어오지 않지만, 벽에 반사된 빛 또는 커튼을 통과한 빛(간접광)이 환하게 들어오는 장소. 눈으로 보기에 충분히 밝다고 느껴진다. 햇볕이 통과하는 하얀 커튼 뒤편이나 북향의 밝은 창가.
- **반그늘**_ 나뭇가지나 얇은 커튼 등을 통과하면서 햇빛이 산란되어 들어오는 곳. 밝은 그늘보다 조금 어두운 실내.
- **음지(완전 그늘)**_ 빛이 적어 어둡다고 느껴지는 장소. 식물이 생존할 수 있는 최소한의 빛만 들어온다. 창문에서 멀리 떨어진 실내 구석.

Part 6

식물과 함께 잘사는 법

함께한 시간, 그 안에서 나도 자란다

1. 식물의 말에 귀 기울이기

식물은 상태 변화를 통해 끊임없이 신호를 보낸다. 잎이 처져 있다면 물 부족의 신호일 수 있고, 잎끝이 노랗게 변했다면 과습이거나 영양 부족일 수 있다. 새잎이 작게 나오거나 기형적일 때는 영양 불균형 또는 병해충 피해를 의심해 볼 수 있다.

식물은 색과 형태, 성장 패턴을 통해 계속 자신을 알린다. 꾸준히 관찰하고 작은 신호를 놓치지 않는 것이 건강한 식물을 키우는 핵심이다.

2. 과한 관심보다는 적절한 방임이 좋아

처음 식물을 키우면서 많이 하는 실수는 '과한 관심'이다. 물을 너무 자주 주어 과습으로 죽게 만드는 경우가 가장 흔하다. 식물에 물을 줄 때는 흙의 상태를 먼저 확인하고, 그에 알맞게 물을 주는 것이 좋다. 흙이 채 마르기도 전에 계속 물을 주면 뿌리가 숨을 쉬지 못해 썩을 수 있다. 마음이 앞선 나머지 비료를 너무 자주 주어도 염류가 쌓여 뿌리 기능이 약화된다.

적절한 방임은 무관심이 아니라 필요한 때 개입하는 지혜로운 돌봄이다.

3. 물 관리는 이렇게

일률적으로 주기보다 흙 상태를 확인하여 각 식물에 맞춰 알맞게 준다.

- **물 주기 시점_** 흙 표면이 완전히 말랐을 때 준다. 손가락을 흙에 1-2cm 정도 넣어 보아 흙이 말랐는지 확인하는 것도 좋은 방법이다.
- **물 주는 시간_** 아침이 가장 좋다. 낮에 물을 주면 잎에 물방울이 맺혀 잎이 탈 수 있다. 저녁은 가급적 피한다.
- **물 주는 방법_** 화분 밑의 배수 구멍으로 물이 흘러나올 때까지 흠뻑 준다. 화분 받침대에 고인 물은 뿌리를 썩게 하므로 즉시 버려야 한다.

  위에서 물 주기(상면관수)_ 흙 위에 직접 물을 붓는 방식으로, 가장 일반적이다.

  아래에서 물 주기(저면관수)_ 화분 아래에서 물을 흡수하게 하는 방식이다. 트레이나 대야에 물을 채운 뒤, 화분을 그 안에 두면 흙이 아래에서부터 물을 빨아들여 식물 뿌리까지 수분이 전달된다.

  잎에 분무_ 잎이나 식물 주변에 물을 뿌려 습도를 유지한다.

4. 분갈이는 적시에

식물이 자라면서 화분 속 뿌리가 가득 차면 더는 성장하기 어려워진다. 이럴 때 조금 더 큰 화분으로 옮겨 주는 '분갈이'가 필요하다.

• **분갈이 순서**

화분 망 깔기_ 배수 구멍에 화분 망을 깔아 흙이 빠져나가는 것을 막는다.

마사토(또는 난석) 깔기_ 화분 바닥에 마사토나 난석을 1-2cm 정도 깔아 배수층을 만든다. 단, 습하게 관리해야 하는 식물은 난석을 깔지 않는 게 좋다. 물이 자주 닿는 상태에서 압력이 가해지면 점차 콘크리트화되어 배수 구멍을 막을 수 있기 때문이다.

새 화분에 흙 넣기_ 배수층 위에 분갈이 흙을 화분 3분의 1 정도 채운다.

뿌리 정리_ 분갈이할 식물의 묵은 흙을 적당히 털어내고 뿌리를 정리한다.

새 화분에 심기_ 새 화분에 식물을 넣고 흙을 채운다. 분갈이를 마친 후에는 화분 밑으로 흘러나올 정도로 물을 흠뻑 준다.

5. 병해충은 초기에 박멸

- **응애_** 매우 작아 육안으로 잘 안 보인다. 잎 뒷면에 숨어서 거미줄 같은 실을 치고, 잎을 갉아 먹어 하얗게 만든다. 건조하거나 통풍이 부족한 환경에서 번식한다. 잎에 자주 분무하고, 살충제를 뿌려 퇴치한다.
- **깍지벌레_** 하얀 가루나 밀랍 같은 분비물로 몸을 감싼 작고 둥근 벌레. 잎과 줄기에 달라붙어 영양분을 빨아먹는다. 공기 순환이 잘 안되고 식물이 건강하지 못할 때 침입한다. 부드러운 천에 미지근한 물을 묻혀 닦아 내거나 천연 살충제로 퇴치한다.
- **진딧물_** 아주 작은 곤충으로, 연한 녹색이나 검은색을 띠며 수액을 빨아먹는다. 잎이 쪼그라들거나 기형이 된다. 면봉, 칫솔 등으로 닦아 내거나 진딧물 전용 약제로 퇴치한다.
- **총채벌레_** 작고 길쭉한 몸을 가진 흡즙성 해충으로 황갈색, 검은색 등 색깔이 다양하다. 고온다습하고 밀폐된 공간에서 발생한다. 끈끈이 트랩을 설치하고 천연 살충제로 퇴치한다.
- **뿌리파리_** 화분 주변에 날아다니는 작은 파리. 애벌레가 흙속에서 뿌리를 갉아 먹는다. 과습한 흙과 썩은 유기물이 있을 때 번식한다. 흙 표면에 모래나 끈끈이 트랩을 놓아 퇴치한다.

병충해 유인 트랩 종류

- **노란색 끈끈이 트랩_** 해충이 좋아하는 노란색으로 유인해 끈적한 표면에 붙게 한다.
- **성페로몬 트랩_** 암컷의 향을 모방해 수컷 성충을 유인하여 포획한다.
- **교미교란제_** 인공 페로몬으로 수컷을 혼란시켜 교미를 방해한다.
- **UV 포충기_** 자외선 빛으로 야간 활동 해충을 유인해 전기로 제거한다.
- **유인 트랩+살충제 병행_** 트랩으로 유인 후 살충제를 함께 사용해 방제 효과를 높인다.

6. 영양제는 적당히

식물도 사람처럼 영양분이 필요하다. 특히 화분은 한정된 공간이므로 영양분이 고갈되기 쉽다. 필요한 주요 영양소는 질소(N), 인(P), 칼륨(K)으로 각각 잎, 뿌리, 꽃과 열매의 성장에 도움을 준다. 잎은 더욱 초록빛을 띠고 윤기가 생기며, 꽃과 열매가 풍성해진다. 성장도 빨라지고 병에도 덜 걸린다.
식물이 활발하게 성장하는 봄여름에 사용하고 겨울철에는 주지 않는다. 또한 성장기라 해도 분갈이 후에는 주지 않는 것이 좋다. 요즘에는 흙에 꽂기만 하면 되는 간편한 것부터 향이 나는 것까지 다양하게 나와 있는데, 친환경 성분인지 확인하고 고른다. 생활 주변에서 간편하게 구할 수 있는 천연 영양제도 있다. 식물의 종류와 키우는 환경에 맞춰 적합한 것으로 선택한다. 무엇이든 과용하면 해로우니 적정량을 초과하지 않도록 유의하고, 영양제를 준 후에는 환기해 준다.

- **고체형_** 알약이나 스틱 형태로 판매하고 있다. 흙에 꽂거나 표면에 올려 둔다. 이들 영양소는 천천히 녹으면서 오랜 시간 동안 영양을 공급한다. 편하긴 하지만 효과가 즉각적이지 않은 단점이 있다.
- **스파우트형_** 뚜껑을 따서 흙에 꽂기만 하면 되는 간편한 방식이다.
- **스프레이형_** 수경식물이나 공중식물에 적합하며, 사용할 때 주의가 필요하다. 되도록 천연 재료를 활용한 영양제를 사용하도록 한다.
- **액체형_** 물에 희석해서 사용하는 영양제로 효과가 빠르다. 정해진 비율로 희석해야 하며, 과다하게 사용하면 식물이 상할 수 있다.
- **천연 영양제_** 쌀뜨물, 커피 찌꺼기 등 주변에서 쉽게 얻을 수 있는 자연 재료들로 만든 비료이다. 식물에 천천히 영양분을 공급하며, 흙의 미생물 활동을 촉진한다. 환경에도 덜 해롭고, 반려동물에게도 안전하다.

Part 7

번식의 기쁨을 느껴 봐!

모든 관계는 이렇게 시작된다

1. 씨앗 발아

생명의 시작을 지켜보는 감동

씨앗을 싹 틔워 새로운 생명을 탄생시키는 과정은 식물이 주는 기쁨 중 하나이다. 씨앗 발아는 식물의 종류에 따라 방법이 조금씩 다르지만 기본 원리는 비슷하다.

- **씨앗 선택_** 건강하고 신선한 씨앗을 준비한다.
- **씨앗 불리기_** 미지근한 물에 6-12시간 정도 담가 두면 발아 시간을 단축할 수 있다.
- **씨앗 심기_** 씨앗 크기의 2-3배 깊이로 심는다. 흙은 피트모스나 코코피트가 섞인 배양토를 사용하는 것이 좋다. 씨앗을 심은 후에는 뿌리가 충분히 내릴 때까지 보통 2-3일마다 물을 주어 흙을 촉촉하게 유지한다. 분무기로 물을 뿌리거나 저면관수를 하면 흙을 고르게 적실 수 있다.
- **적정 환경_** 20-25℃의 따뜻한 온도에서 잘 발아한다. 햇빛이 직접 닿지 않는 밝은 그늘에 둔다. 습도 유지를 위해 덮개 등으로 화분 위를 가려 주는 것도 좋은 방법이다. 싹이 트고 잎이 2-3장 나오기 시작하면 덮개를 벗기고, 햇빛을 조금씩 보여 주며 적응시킨다.

TIP

- 씨앗은 적당한 간격을 두고 배치한다.
- 싹이 나오면 생장이 시작되는 단계이므로 통풍과 빛에 더욱 신경을 써야 한다. 햇빛을 보여 주기 힘든 환경이면 식물 생장등을 이용한다.

2. 물꽂이

가장 쉽고 직관적인 방법

식물의 줄기나 잎을 물에 담가 뿌리를 내리는 번식법이다. 유리병이나 컵만 있으면 누구나 쉽게 시작할 수 있다. 뿌리내리는 과정을 눈으로 직접 관찰하는 즐거움도 누릴 수 있다. 직사광선이 닿지 않는 곳에 두어야 한다.

- **식물 선택_** 건강한 줄기와 잎을 가진 식물을 고른다. 몬스테라, 스킨답서스, 아이비, 필로덴드론 등이 물꽂이가 잘되는 식물이다.
- **줄기 자르기_** 잎이 달린 줄기를 10-15cm 정도 비스듬히 자른다. 아래쪽 잎은 제거해서 물에 잠기지 않도록 한다. 마디(잎이 나던 자리)가 물에 잠기도록 하면 뿌리가 더 잘 나온다.
- **물에 담그기_** 준비한 용기에 물을 담는다. 물은 줄기 마디를 2-3cm 정도 덮을 만큼만 채우면 충분하다. 2-3일에 한 번 물을 갈아 주고, 유리병도 자주 씻어 준다.
- **뿌리 관찰_** 보통 1-3주 사이에 뿌리가 나오기 시작한다. 뿌리가 3-5cm 이상 자라면 흙에 옮겨 심을 수 있다. 처음 며칠은 뿌리가 자리를 잡는 기간이므로 반그늘에 둔다. 이후 서서히 햇빛에 적응시킨다.

TIP

- 투명한 용기를 쓰면 뿌리가 자라는 모습을 관찰하기 좋다.
- 여러 줄기를 동시에 물꽂이 하면 성공률이 높아진다.

3. 꺾꽂이

바로 흙에 심어 뿌리내리기

단어의 뜻으로만 보면 '흙꽂이'라고 해야 하지만, 통상적으로 흙에 심어 뿌리내리게 하는 번식 방법을 '꺾꽂이'라 부른다.

- **식물 선택_** 건강한 줄기를 선택한다. 어린 가지는 적합하지 않다. 장미, 제라늄, 라벤더, 다육식물, 페페로미아 등이 꺾꽂이로 번식 가능한 식물이다.
- **줄기 자르기_** 잎이 달린 줄기를 10-15cm 정도 비스듬히 자른다. 아래쪽 잎은 떼어 내고, 위쪽 잎은 1-2장 정도 남겨 둔다. 자른 면은 그늘에서 하루 정도 말려 준다.

- **흙에 심기_** 배수가 잘되는 흙이 좋다. 줄기를 3-5cm 정도 깊이로 심고, 흙을 살짝 눌러 고정한다. 심은 후 흙이 촉촉할 정도로 물을 준다. 직사광선은 피하고, 밝은 그늘에서 키운다. 보통 2-4주 후 줄기를 조심스레 당겨 봤을 때 저항이 느껴지면 성공한 것이다.

TIP

- 흙에 심기 전, 뿌리 내림 촉진제(루팅 파우더)를 바르면 성공률이 높다.
- 아침이나 저녁 시간대에 하면 수분 증발이 적어서 유리하다.
- 투명한 덮개로 습도를 유지하면 뿌리가 빨리 내린다(미니 온실 효과).

4. 포기 나누기

한 포기를 여러 개로 나눠 심기

식물의 뿌리를 여러 개로 갈라 나누어 따로 옮겨 심는 번식 방법이다. 화분 속 뿌리가 꽉 차서 생육이 부진해진 경우에도 새로운 공간을 마련해 주어 원활한 생장을 돕는다.

- **식물 뽑기_** 화분의 옆면을 두드리거나 뒤집어서 살살 당겨 주면 뽑아내기 쉽다. 흙을 털어내고 뿌리가 엉킨 부분을 손으로 풀어 준다. 수국, 칼라테아, 산세베리아 등이 포기 나누기로 번식 가능한 식물이다.
- **포기 나누기_** 뿌리가 자연스럽게 갈라지는 부분을 기준으로 나눈다. 뿌리가 엉켜 있다면 소독한 칼을 사용하여 몇 개의 덩어리로 자른다. 각 덩어리에는 줄기와 뿌리가 충분히 달려 있어야 한다.
- **손질 및 정리_** 병든 뿌리나 잎은 제거한다. 너무 긴 뿌리도 조금 잘라 준다.
- **새 화분에 심기_** 각각의 포기를 새 화분에 심는다. 배수가 잘되는 흙을 사용하고, 심은 후에는 흙을 살짝 눌러 고정시킨다. 충분히 물을 주고, 직사광선은 피하면서 밝은 곳에 둔다.

TIP

- 포기 나누기 전날 충분히 물을 주면 뿌리가 부드러워져서 분리하기 쉽다. 흙이 촉촉해서 뿌리 손상의 위험도 줄어든다.

5. 휘묻이

줄기 일부를 흙에 묻기

식물의 줄기 일부를 꺾지 않고 그대로 휘어서 그 한쪽 끝을 땅속에 묻어 뿌리내리게 하는 번식 방법이다. 식물이 모체로부터 영양분을 계속 공급받기 때문에 성공률이 높다.

- **준비물_** U자형 철사나 돌멩이
- **모주(어미 식물) 선택_** 2-3년 이상 자란 건강한 식물을 선택한다. 가지가 유연하고 휘기 쉬운 덩굴장미, 로즈마리 등이 휘묻이에 적당하다.
- **휘어서 묻을 가지 선정_** 1-2년생 가지를 선택한다. 땅에 닿을 수 있도록 가지를 구부린다. 땅을 살짝 파고, 가지가 닿는 부분의 껍질을 가볍게 벗겨낸다. 껍질을 벗긴 부분에서 뿌리가 잘 나온다.
- **가지 묻기_** 껍질을 벗겨낸 부분을 흙으로 덮고, 돌이나 U자 핀으로 고정해 움직이지 않게 한다. 이때 가지의 끝부분은 흙 밖으로 나오도록 한다. 흙이 건조하지 않도록 꾸준히 물을 준다. 3-5개월 후 뿌리가 나오면, 모체와 연결된 부분을 잘라 내 따로 새 화분에 심는다. 이 과정은 자칫 식물에 스트레스를 줄 수 있으므로 조심스럽게 다뤄야 한다.

TIP

- 껍질을 벗길 때는 속껍질까지 너무 깊게 긁지 않도록 주의한다.
- 뿌리가 나온 후에는 물에 불린 이끼로 감싸 심으면 활착률이 높다.

6. 접목

두 식물을 하나로 만들기

2개의 다른 식물을 결합하여 새로운 식물을 만드는 고도의 번식 기술로, 한 식물의 줄기를 다른 식물의 뿌리에 붙이는 방법이다.

- **준비물_** 건강한 접수(원하는 식물의 가지)와 대목(뿌리를 가진 식물), 접목칼, 접목 테이프 또는 끈.
- **절단과 결합_** 대목의 윗부분을 수평으로 자른다. 대목의 잘린 단면에 V자 또는 Y자 형태로 칼집을 낸다. 접수는 2~3개의 눈(가지가 자랄 부분)을 남기고, 밑부분을 대목의 칼집 모양과 동일하게 깎는다. 이때 접수와 대목의 형성층(줄기의 껍질과 목질부 사이의 얇은 층)이 최대한 많이 맞닿도록 끼우는 것이 중요하다. 형성층이 서로 맞닿아야 두 식물이 결합하여 양분을 주고받을 수 있다.
- **접목 후 관리_** 결합한 접수와 대목을 접목 테이프나 끈으로 칭칭 감는다. 접목된 부위가 마르지 않도록 습도를 유지하고, 직사광선이 닿지 않는 밝은 곳에 둔다. 시간이 지나면서 접목 부위가 아물고, 접수에서 새로운 싹이 나오기 시작하면 접목이 성공한 것이다. 장미, 감귤류, 과일나무 등에 접목 기술을 적용할 수 있다.

TIP

- 반드시 소독된 도구를 사용한다.
- 접촉면이 많을수록 성공률이 높아진다.

7. 가지치기

보다 풍성하고 아름답게

가지치기는 그저 모양을 다듬는 것이 아니라 식물이 더욱 건강하고 풍성하게 자랄 수 있도록 돕는 필수적인 관리 방법이다. 가지치기를 하면 영양분이 고르게 분배되고, 통풍과 채광이 개선되어 병충해 예방에도 도움이 된다.

- **도구 준비**_ 전지가위, 톱 또는 갈퀴형 가위. 도구는 항상 소독해서 사용한다.
- **자를 가지 결정**_ 병든 가지, 겹친 가지, 안쪽으로 자라는 가지부터 제거한다. V자 형태로 자르면 회복이 빠르고 보기에도 좋다.
- **자르는 요령**_ 기본 줄기는 유지하고, 곁가지를 자르되 2-3마디에서 자른다. 너무 많은 잎을 제거하면 광합성 저하를 초래할 수 있으니 주의한다.

TIP

- 45도 각도로 잘라야 물이 잘 빠지고 병균 침투를 막을 수 있다.
- 가지의 마디 바로 위쪽을 잘라야 새싹이 건강하게 나온다. 너무 가까이 자르면 눈이 손상될 수 있으니 조심한다.
- 서로 엉켜 자라는 가지(겹가지)는 통풍을 막고 병해충을 유발하므로 과감히 제거한다.
- 가지치기 후 바로 비료를 주면 식물이 스트레스를 받는다. 최소 1-2주 후에 주도록 한다.
- 가지치기 전후로는 물을 충분히 준다.

식물 관리를 위한 몇 가지 용어

- **난석**_ 다공성 구조로 되어 있는 돌. 물 빠짐이 좋고 통기성이 뛰어나다.
- **마크라메**_ 실이나 끈으로 매듭을 엮어 만드는 공예.
- **멀칭**_ 식물이 자라고 있는 화분의 흙을 자갈이나 나무껍질 등으로 덮어 주는 작업.
- **목부작**_ 나무 조각에 식물을 심어 키우는 원예 방식.
- **목초액**_ 숯을 만들 때 나오는 연기로 만든 액체이며, 병충해 예방이나 생장 촉진에 사용한다. 반드시 묽게 희석해서 쓴다.
- **바크**_ 나무껍질을 잘게 부순 재료로 통기성과 배수성이 뛰어나다.
- **삽목**_ 자른 줄기나 잎을 흙속에 꽂아 새로운 개체로 번식시키는 방법.
- **삽수**_ 삽목을 하기 위해 자른 식물의 줄기나 잎.
- **석부작**_ 돌에 식물을 심어 키우는 원예 방식.
- **수경 재배**_ 식물을 흙이 아닌 물에서 키우는 방법.
- **수태**_ 습한 곳에서 자라는 물이끼를 건조하여 가공한 원예 재료. 보수력이 뛰어나고 통풍이 잘되어 뿌리 번식에 많이 활용된다.
- **수태봉**_ 덩굴식물이 타고 올라가도록 수태로 만든 막대기.
- **수형**_ 줄기와 가지, 잎 등으로 이루어진 나무의 전체 모양새.
- **외목대**_ 곁가지 없이 줄기 하나만 곧게 세운 나무의 형태.
- **이끼볼**_ 이끼를 이용해 식물의 뿌리 부분을 둥근 형태로 감싸 키우는 방법.
- **캠(CAM) 광합성**_ 밤에 이산화탄소를 흡수해 저장했다가 낮에 광합성하는 건조 지역 식물의 생존 방식.
- **클럼프**_ 여러 개의 줄기가 모여 한 덩어리를 이루는 식물의 형태.
- **테라리움**_ 밀폐된 유리 용기에 다양한 식물을 키워 실내를 장식하는 원예 방식.
- **토피어리**_ 식물의 잎과 가지를 잘라 내어 동물이나 기하학적 형태로 다듬어 만드는 기법 또는 장식품을 말한다. 실내외 다양한 공간에서 활용 가능하다.
- **트리콤**_ 식물의 잎이나 줄기에 있는 작은 털 모양의 구조물.

Part 8

식물이 주는 일상 속 행복

식물의 속도, 내 하루의 리듬

1. 관찰의 즐거움

자연의 섭리를 배우는 시간

식물을 키우는 일은 단순히 물을 주고 자라는 모습을 보는 것 이상의 값진 경험이다. 거창하게 눈에 띄는 변화는 없을지라도 조금씩 달라지는 식물을 보면서 자연의 섭리, 즉 생명의 순환과 성장의 원리를 깨닫게 된다.

식물을 관찰하는 일은 자연이 얼마나 정교하고 지혜로운지를 알게 해 주는 과정이다. 식물은 계절에 따라 다르게 반응하고 빛과 물을 따라 움직이며, 스스로 생존을 위한 전략을 펼친다.

햇빛을 받기 위해 잎을 넓게 펼친다거나, 해를 향해 잎의 방향을 바꾸는 움직임만 놓고 보더라도 광합성이라는 생명의 원리를 직관적으로 이해하게 만든다. 잎끝에 물방울이 맺히는 일액현상 역시 마찬가지로 밤 동안 뿌리에서 흡수한 물이 잎의 수공(water pore)을 통해 배출되는 자연스러운 과정임을 가르쳐 준다.

식물을 기르다 보면 물을 줘야 할 때를 자연스럽게 알아차리게 된다. 이는 식물과의 소통이자 교감이며, 그 과정을 통해 자연의 섭리를 배운다.

꺾인 가지에서 새싹이 돋아나는 모습을 보면 생명이 얼마나 강인한지를 느끼게 되고, 그 회복력 속에서 삶에 대한 깊은 통찰을 얻게 된다.

2. 성장일지 기록하기

나를 돌아보는 명상의 시간

식물을 바라보는 시간은 현재에 집중하게 만드는 명상적 순간이 되기도 한다. 반복되는 관찰은 마음을 평온하게 만들고, 규칙적인 물 주기 등은 일상에 리듬을 만들어 준다. 스트레스를 줄이는 치유의 시간도 된다. 새잎이 돋고 꽃이 피는 걸 볼 때면 작은 생명의 성장을 함께하는 뿌듯함도 느낀다.

식물 기르는 일을 단지 취미생활로만 여기기에는 그 과정에서 얻는 게 너무도 많다. 이 소중한 경험을 그대로 흘려보내기보다는 성장일지로 기록해 둔다면 한층 더 뜻깊은 일이 될 것이다. 간단히 글로 남기는 것도 좋지만, 그날의 식물 상태를 그림이나 사진으로 함께 담아 두면 훨씬 더 생생한 추억으로 남는다.

식물의 성장을 기록하다 보면 자연스럽게 나의 감정이나 생각을 같이 적게 되는데, 후일 이 부분을 들춰 봤을 때 그날의 기억이 자연스레 떠오르므로 소중한 자산이 된다. 즉 성장일지는 단지 식물의 기록이라기보다 나의 성장과 변화도 함께 담기는 삶의 흔적인 것이다.

분주한 일상 속에서 잠시 멈춰 앉아 뭔가를 적는 시간을 갖는 것은 그 자체로 이미 명상이며 성찰의 순간이다.

3. 식물 커뮤니티

만나고, 나누고, 교환도 하고

식물 커뮤니티는 처음엔 공통의 관심사가 매개체가 되어 모인다. 그러나 교류하다 보면 정보 공유는 물론, 삶의 온기와 정서적 교감도 스며들게 된다.

- **정보 공유의 장_** 식물 커뮤니티는 방대한 정보의 보고이다. 키우는 식물에 문제가 생겼을 때 질문하면 친절하게 해결책을 알려 주고, 새로운 식물을 들였을 때 어떻게 관리해야 하는지, 어떤 흙이 좋은지 등의 실용적인 정보를 얻을 수 있다. 혼자서 고민하던 어려웠던 문제들도 경험자들과 얘기하다 보면 곧잘 해결된다.
- **나눔과 교환의 기쁨_** 식물 커뮤니티의 매력 중 하나는 나눔과 교환이다. 내가 번식시킨 식물의 자구(子球)를 다른 사람에게 선물하고, 대신 내가 키우고 싶었던 식물을 얻을 수 있다. 내게 같은 식물이 2개 있다면 다른 사람의 것과 맞교환하기도 한다. 조건 없이 서로 선물하는 일도 흔히 일어난다. 활발한 커뮤니티는 이벤트를 개최하여 식물을 부담 없는 가격으로 구매할 기회를 제공하기도 한다.
- **소속감과 유대감_** 같은 취미를 공유하는 사람들과 함께하는 일은 소속감과 유대감을 느끼게 한다. 같은 식물이라도 키우는 사람에 따라 각기 다르게 성장하므로 자신의 식물과 다른 사람의 식물을 서로 비교하다 보면 새로운 사실도 알게 되면서 절로 즐거워진다. 온라인 커뮤니티에서 시작된 인연이 오프라인 모임으로 이어져 함께 식물원을 방문하거나 가드닝 용품을 구매하는 등 즐거운 경험을 하기도 한다.

4. 반려동물에게 안전한 식물

너에게 해롭지 않아

식물을 키우고 싶지만 반려동물에게 해가 될까 봐 선뜻 실행에 옮기지 못하는 사람들이 적지 않다. 반려동물에게 안전한 식물은 아래와 같다.

- **야자류 일부_** 야자류 중 일부는 비교적 안전하다. 특히 아레카야자와 테이블야자는 집안 곳곳에 배치해도 무방하다. 하지만 야자류 가운데 잎끝이 뾰족하거나 거친 경우에는 반려동물의 눈이나 피부를 찌를 수 있으니, 동물이 접근하기 어려운 곳에 두는 것이 좋다.
- **허브류 일부_** 로즈마리와 바질은 반려동물에게 안전할 뿐만 아니라 소화 촉진에 도움을 주기도 한다. 페퍼민트와 개박하(캣닢)는 고양이가 특히 좋아하는 허브로 알려져 있으며, 진정 효과나 기분을 좋게 만드는 효능도 있다. 하지만 모든 허브가 안전한 것은 아니니 반드시 먼저 확인한다.
- **고사리류 일부_** 고사리류는 종류가 많아 모든 고사리가 안전하다고 단정할 수는 없다. 하지만 독성이 없는 '진정한 고사리(true ferns)'로 분류되는 것들은 안심해도 된다. 대표적인 안전한 고사리로는 보스턴고사리와 둥지파초일엽(일명 아비스고사리)이 있다. 그러나 '아스파라거스고사리'라고도 불리는 아스파라거스 세타케우스처럼 이름만 고사리인 식물은 독성이 있을 수 있으므로 학명을 확인하고 안전한지 점검한다.
- **해로운 식물_** 산세베리아, 스파티필룸, 아글라오네마, 칼랑코에, 제리늄, 백합, 포인세티아, 필로덴드론, 아이비 등은 구토나 설사, 과도한 침 분비, 호흡 곤란, 피부염, 알레르기 반응 등을 유발할 수 있다. 특히 백합은 고양이에게 매우 치명적이며, 소량만 섭취해도 신부전 위험이 크다. 개에게도 구토, 설사, 무기력 증상을 유발한다.

흔한 현상과 해결책

식물을 기르다 보면 예상치 못한 문제에 부딪히기 마련이지만, 보통은 원인을 파악하고 적절한 해결책을 적용하면 충분히 해결할 수 있다. 흔히 발생하는 현상과 그에 대한 해결책을 알아본다.

잎끝이 마르고 갈색으로 변한다

- **원인**_ 공기 중의 습도가 낮거나 물을 적게 주었거나 비료를 너무 많이 주었을 때 나타나는 현상이다.
- **해결책**_ 가습기로 습도를 높이거나 분무기로 물을 뿌려 준다. 물 주는 양을 조절하거나 비료 사용을 줄인다.

잎이 노랗게 변한다

- **원인**_ 과습으로 인해 뿌리가 썩었거나 영양분 부족 혹은 햇빛 부족일 때 나타나는 현상이다.
- **해결책**_ 먼저 흙을 충분히 말려 주고 배수를 개선한다. 이후 필요에 따라 비료를 주고, 햇빛이 잘 드는 장소로 옮긴다.
- 아래 잎이 지는 자연스러운 현상일 수도 있다. 이때는 신경 쓰지 않아도 된다.

잎에 하얀 가루나 반점이 생긴다

- **원인**_ 곰팡이병(흰가루병) 또는 깍지벌레 등의 병해충에 의한 현상일 수 있다.
- **해결책**_ 병든 잎을 제거하고 통풍이 잘되도록 한다. 이후 베이킹소다를 희석한 물이나 전용 약제를 사용해 관리한다.

새잎이 작고 힘없이 자란다

- **원인**_ 햇빛 부족이나 영양분 부족일 때 나타나는 현상이다.
- **해결책**_ 햇빛이 잘 드는 곳으로 옮기고, 비료를 사용하여 영양을 보충해 준다.

잎이 아래로 축 처진다

- **원인**_ 물 부족일 수도 있고 과습으로 인해 뿌리가 썩었을 수도 있다. 또는 강한 햇빛 때문인 경우도 있다.
- **해결책**_ 흙이 말랐다면 물을 적당히 주고, 과습이 의심되면 뿌리를 확인한다. 강한 햇빛이 의심되면 직사광선을 피해서 옮긴다.

잎이 갑자기 떨어진다

- **원인**_ 온도, 빛 등 급격한 환경 변화나 과습, 물 부족, 빛 부족일 경우에 일어나는 현상이다.
- **해결책**_ 식물이 새로운 환경에 적응하도록 시간을 충분히 준다. 흙 상태를 확인하고, 물 주는 주기를 조절한다.

줄기가 가늘고 길게 웃자란다

- **원인**_ 햇빛 부족이 원인일 수 있다.
- **해결책**_ 햇빛이 잘 드는 곳으로 옮겨 충분한 빛을 받게 하고, 웃자란 부분은 가지치기를 한다.

줄기가 물러진다

- **원인**_ 과습이나 병해충, 고온, 통풍 불량 등 다양한 원인이 있을 수 있다.
- **해결책**_ 과습이라면 물 주기를 멈추고, 흙이 마른 상태를 유지한다. 병해충이나 곰팡이병 등이 의심되면 살균제나 살충제를 사용하고, 통풍 문제라면 바람이 잘 통하는 곳으로 옮긴다.

줄기나 뿌리에서 곰팡이가 보인다

- **원인**_ 과습일 경우 나타날 수 있는 현상이다.
- **해결책**_ 흙을 충분히 말려 주고, 통풍이 잘되도록 한다. 곰팡이가 심하면 흙을 교체한다.

뿌리가 화분 밖으로 튀어나온다

- **원인_** 화분이 작아 뿌리가 더는 뻗을 수 없는 상태에 이르렀을 때 나타나는 현상이다.
- **해결책_** 더 큰 화분으로 분갈이한다.

화분 주변에 날벌레가 날아다닌다

- **원인_** 흙이 항상 축축하거나, 음식물 등 유기물이 썩기 좋은 환경일 경우에 흔히 나타나는 현상이다.
- **해결책_** 흙 표면을 말려 준 후 그 위에 마사토를 덮는다. 또는 친환경 살충제를 사용한다.

꽃봉오리가 떨어진다

- **원인_** 온도, 습도 등 환경 변화나 물 부족, 과습일 경우에 나타나는 현상이다.
- **해결책_** 환경 변화를 최소화하고, 물 주는 양을 일정하게 유지한다.

꽃이 피지 않는다

- **원인_** 햇빛 부족, 영양분 부족, 휴면기, 또는 개화 조건을 충족시키지 못했을 경우 등 여러 원인이 있을 수 있다.
- **해결책_** 식물별로 개화 조건을 잘 확인해 본 후 햇빛에 충분히 노출하거나 개화 시기에 맞는 비료를 주는 등 원인별로 조처한다.

잎 뒷면이나 줄기 사이에 거미줄이 생긴다

- **원인_** 대체로 응애(거미진드기)가 생겼을 때 나타나는 현상이다.
- **해결책_** 즉시 다른 식물과 격리하고 강한 수압의 미지근한 물로 씻어낸다. 이후 잎의 앞뒷면을 젖은 천으로 한 번 더 닦아 잔여 응애와 알까지 완벽히 제거한다. 심하면 감염된 잎을 제거하고 친환경 응애 전용 약제를 사용한다.

2.

우리 집은 작은 숲

식물 컬렉션

Part 1

처음 만나는 식물

그냥 곁에 두고 싶었다

환경 적응력이 높고 관리가 쉬운 식물

1

무늬 위에 피어난 계절

마삭줄 '하쓰유키-카즈라'

Trachelospermum asiaticum 'Hatsuyuki-kazura'

원종 기준 원산지 한국, 일본, 중국 등 동아시아 지역

속명 *Trachelospermum*은 그리스어 'trachelos(목구멍)'와 'sperma(씨앗)'의 합성어로, 씨앗 모양이 목구멍처럼 생겼다는 특징에서 유래했다. 종명 *asiaticum*은 '아시아의'라는 뜻을 가진 라틴어이다. 학명 뒤쪽의 'Hatsuyuki-kazura'는 '첫눈(初雪) 덩굴'이란 뜻의 일본어이며, 한국에서는 이 일본식 이름을 한자 그대로 읽어 '초설마삭줄'이라 부른다.

이른 여름이었던 걸로 기억한다. 어느 식물가게 앞을 지나다 달콤한 향내에 나도 모르게 걸음을 멈췄다. 성큼 가게 안으로 들어서고 보니 나를 이끈 건 바로 마삭줄이었다.

흰색과 분홍색이 섞인 새잎이 '첫눈'처럼 보인다고 하여 '초설'이라고도 한다. 기본종인 마삭줄(*Trachelospermum asiaticum*)의 강인한 특성을 그대로 물려받았으면서도 화려한 무늬 덕분에 실내나 실외 조경에 다양하게 활용된다.

일 년 내내 푸른 잎을 유지하는 상록 덩굴성 식물이며, 가장 큰 매력은 잎에 나타나는 화려한 삼색 무늬이다. 성숙한 잎은 광택이 나는 진한 녹색이지만 봄부터 가을 사이에 새로 돋는 잎은 흰색, 연분홍색, 때로는 진한 붉은색이 섞인 무늬를 띤다. 이 무늬는 시간이 지나면서 점차 녹색으로 돌아가는데, 이 때문에 한 식물 안에서 여러 색상의 잎을 동시에 관찰할 수 있다.

줄기가 가늘고 유연하여 스스로 지지대나 벽을 타고 오르는 성질이 강하며, 공기뿌리를 내어 착생한다. 땅을 덮으며 자라는 지피식물로도 훌륭하다.

이렇게 키워보세요

뿌리가 튼튼하고 번식력이 강해 비교적 키우기 쉽다. 덩굴의 유연한 특성을 활용하여 다양한 모양의 토피어리를 만들거나 분재로 가꿀 수 있다. 덩굴이 한쪽으로만 길게 뻗거나 너무 무성하면 가지치기를 한다. 줄기를 절단하면 흰색 유액이 나오는데, 피부가 민감한 경우 알러지 반응을 유발시키므로 반드시 장갑을 끼고 만진다. 빛을 찾아 위쪽이나 옆으로 뻗어 나가는 덩굴식물이어서 지지대를 활용하거나 벽면으로 유도하면 훨씬 풍성해진다.

햇빛

밝은 양지, 반양지

충분한 빛을 제공해야 무늬가 선명해지고 분홍색이 진하게 나타난다. 밝은 간접광 또는 햇볕이 잘 드는 곳을 선호하며, 빛이 부족하면 녹색 잎만 나오거나 무늬가 희미할 수도 있다. 여름철 강한 직사광선은 잎끝을 마르게 하거나 태울 수 있으니 주의한다.

온도

적정 온도 15-25℃

내한성이 강하여 남쪽 지방에서는 노지 월동도 가능하다. 실내에서 기를 경우 최저 5℃ 이상 유지해 주는 것이 안전하다.

습도

40-70% 정도

일반적인 실내 습도에서도 잘 자라지만, 60% 이상을 유지해 주면 잎의 색감과 생장 속도가 향상된다. 특히 새순이 자라거나 꽃대가 형성될 때는 습도가 높을수록 생장이 활발해지고 잎끝 마름 현상이 줄어든다.

물

겉흙이 마르면 듬뿍!

여름철에는 매일 물을 줘도 과습 문제가 적지만, 겨울철에는 흙이 50% 이상 마른 후 낮 시간대에 소량만 주는 것이 좋다. 저면관수도 효과적이며, 물받침에 고인 물은 즉시 제거해 준다.

그밖에 인기 있는 종

1 **황금마삭줄**_ 진한 녹색과 연두색, 황금빛 노란색과 붉은색이 서로 어울려 화려한 모양새이다.

2 **은마삭줄**_ 녹색의 갸름한 작은 잎들과 뚜렷한 잎맥이 생기롭다. 전체적으로 은빛 톤이 느껴져 부드러운 인상을 준다.

3 **무늬칼마삭줄**_ 칼처럼 뾰족하고 긴 형태와 또렷또렷한 문양이 독특하여 분재나 실내 장식용으로 인기가 많다.

4 **황제마삭줄**_ 짙은 녹색의 타원형 꼴 작은 잎에 황금빛 노란 무늬가 섬세하게 고루 섞여 있다. 한국이 원산지이다.

2

푸른 잎 그늘 아래, 고요히

우산고무나무

Ficus umbellata

원산지 서아프리카 및 중앙아프리카 지역

속명 *Ficus*는 라틴어로 '무화과나무'를 의미한다. 종명 *umbellata*는 라틴어 'umbella'에서 유래했으며 '우산 모양의' 또는 '산형(umbel)의'라는 뜻이다. 즉, 피쿠스 움벨라타는 '우산처럼 생긴 무화과나무'라는 의미이다.

이 식물을 마주하면 시선이 연달아 붙잡힌다. 먼저 가늘고 섬세하게 뻗은 긴 줄기에 눈길이 가고, 이어 커다랗게 펼쳐진 잎에 다시 한번 감탄하게 된다. 외목대 형태가 주로 인기를 끌지만 때로는 자연스럽게 휘어진 수형 또한 그 나름의 아름다움을 드러낸다.

유려하면서도 견고한 줄기는 공간 속에서 우아한 선을 만들고, 그 위를 감싸는 풍성한 잎사귀가 존재감을 더욱 돋보이게 한다. 단정한 외형과 품격 있는 분위기로 어느 곳에 놓아도 그 자체로 시선을 끈다. 햇빛을 받으면 하트 모양을 닮은 잎들은 은은한 광택을 띠며 마치 우산처럼 펼쳐진다. 어떤 잎은 살짝 붉은 기운을 머금기도 해 다양한 색감의 변주를 즐길 수 있다.

공기 정화 능력이 뛰어나 '산소 탱크'라는 별명을 가지고 있다. 넓은 잎 덕분에 음이온과 산소 발생량이 많다고 알려져 있다.

겨울 내내 생장의 기미조차 없어 그리도 애를 태우더니 봄기운이 스치자 빠르게 자라나 나를 놀라게 했던 식물이다. 그 생동감 넘치는 기운에 내 마음이 다 설렜던 기억이 생생하다.

이렇게 키워보세요

생명력이 강하고 관리도 쉬운 편이다. 담배 냄새까지 흡수한다고 알려져 있다. 가지치기를 통해 수형을 조절할 수 있으며, 잘린 가지는 삽목으로 번식이 가능하다. 가지치기할 때는 소독된 도구를 사용하고, 상처 부위에 계핏가루를 뿌리면 뿌리를 내리는 데 도움이 된다. 삽목은 봄부터 초여름이 적기이다.

햇빛

밝고 간접적인 빛

동향이나 남향 창가, 직사광선이 직접 닿지 않는 곳이 이상적이다. 직사광선에는 잎이 주름지거나 탈 수 있다. 필터링된 빛, 예를 들어 커튼을 통해 들어오는 빛이 좋다. 식물이 빛을 찾아 기울기 시작하면 화분을 돌려서 수형을 잡아 주도록 한다.

온도

적정 온도 18-28℃

따뜻한 환경을 좋아한다. 추위에 약하므로 온도가 최저 13℃ 이하로 내려가지 않게 관리한다. 이 적정 온도 범위에서 가장 활발하게 성장하며, 잎이 넓고 윤기 있게 유지된다.

습도

60-70% 정도

높은 습도를 좋아한다. 실내 습도가 낮다면 가습기를 사용하거나 자주 분무해 준다. 습도가 너무 낮을 경우 잎끝이 갈색으로 마르거나 잎이 떨어질 수 있다. 단, 과도한 분무는 곰팡이의 원인이 될 수 있으니 조심스럽게 조절해야 한다.

물

겉흙이 마르거나 잎이 처질 때

물을 좋아하는 식물이지만 과습에는 취약하다. 흙속 3-4cm가 마르면 화분 밑으로 물이 흘러 나올 정도로 듬뿍 준다. 겨울에는 성장 속도가 느리므로 물 주는 주기를 길게 늘리거나 평소의 반만 주도록 한다. 잎이 처지고 말리면 목마르다는 신호이고, 밑의 잎이 노랗게 떨어지면 과습일 수 있다.

줄기 맨 위에 있는 생장점

산소발생량이 높은 넓은 잎

더욱 잘 키우기

외목대로 키우면 더욱 멋진 식물이다. 외목대로 키우고 싶다면 아래와 같이 시도해 본다.

- **줄기 선택_** 묘목을 처음 들여왔을 때 외목대로 삼을 줄기를 선택한다. 가장 곧고 튼튼한 줄기를 고른다. 선택한 줄기를 제외한 아래쪽에 나는 곁가지(새순)는 모두 자른다. 줄기 아래쪽 3분의 2 지점까지 완전히 제거하는 것이 좋다. 위로 성장하면서 새로 생기는 곁가지들도 꾸준히 제거한다. 곁가지가 나오는 즉시 손으로 떼어 내거나 깨끗한 가위로 잘라 준다. 이때 끈적이는 유액이 나오므로 장갑을 착용하는 것이 좋다.
- **지지대 설치_** 곧은 수형을 유지하기 위해 지지대를 설치하여 줄기를 고정해 준다. 줄기에 직접 닿는 부분은 부드러운 끈이나 식물고정용 클립으로 묶어 식물에 상처가 나지 않도록 주의한다.
- **순 따기_** 원하는 외목대 높이에 도달하면, 줄기의 맨 위쪽 생장점을 잘라 준다. 이를 '순 따기'라고 한다. 순 따기를 하면 더는 위로 자라지 않고, 잘린 부분 아래에서 여러 개의 새로운 가지가 나온다.

3

시간이 만든 틈

몬스테라

Monstera deliciosa

원산지 멕시코 남부에서 중앙아메리카 열대 우림 지역

속명 *Monstera*는 라틴어 'monstrum'에서 유래했으며 '괴물 같은'이라는 뜻이다. 독특하게 갈라지고 구멍이 뚫린 형태에서 기인했거나 거대하게 자라는 특성에서 붙여진 이름이다. 종명 *deliciosa*는 라틴어로 '맛있는'이라는 의미이며, 잘 익으면 바나나와 파인애플을 섞은 맛이 나는 열매를 맺기 때문에 명명되었다. 잎과 줄기, 뿌리에 독성이 있으므로 주의해야 한다.

윤기 흐르는 잎에 자연스레 생긴 구멍과 깊은 '갈라짐'이 특징인 식물이다. 잎자루가 주름 장식처럼 형성되어 있는 것도 이 식물이 가지고 있는 독특한 디테일이다. 구멍과 갈라진 형태는 거친 바람과 폭우 속에서도 살아남기 위해 진화한 결과이다. 덩굴성 식물이라 자연 상태에서는 다른 나무나 바위를 타고 올라가며 자란다. 줄기에서 공기뿌리가 뻗어 나오는데, 이 뿌리는 공기 중의 수분을 흡수하고 지지대 역할도 한다.

내가 어린 몬스테라를 처음 집에 들였을 때는 구멍은 물론이고 갈라짐조차 없었다. 식물에 대해 잘 알지 못하던 때여서 비슷한 식물을 잘못 샀다고 생각했다. 그래도 혹시나 하는 마음에 기대를 완전히 내려놓지는 않았다. 약 2년 반이 지나자, 이 식물은 마침내 본래의 모습을 드러냈다. 잎맥 사이로 타원형의 구멍이 생기기 시작했고, 잎사귀도 점차 갈라지면서 특유의 형태를 갖춰 갔다. 그 생장 과정이 흥미로워 하나둘 들이다 보니 어느새 여러 개체가 되었다. 지금은 몬스테라 아단소니 등 다른 종도 함께 기르고 있다.

이렇게 키워보세요

줄기를 잘라 물꽂이를 하거나 흙꽂이로 번식시킬 수 있다. 공기뿌리가 있는 줄기를 활용하면 뿌리 내림이 더욱 쉽다. 잎에 옥살산칼슘을 함유하고 있어 섭취하면 입이나 목에 자극을 줄 수 있다. 어린아이나 반려동물이 잎을 만지거나 씹지 않도록 주의한다.

햇빛

반음지 혹은 반양지

직사광선을 받으면 잎이 타거나 검게 그을릴 수 있으니 주의한다. 반면 빛이 부족하면 잎이 작아지고 갈라진 잎이 잘 생기지 않을 수 있다. 창가에서 약간 떨어진 곳이나 소파 옆과 같은 장소가 좋다.

온도

적정 온도 18-27℃

겨울철 서울 기준으로 10월 말-11월 초부터 실내로 들이는 것이 안전하며, 실내 온도가 20℃ 이상이면 안정적으로 관리할 수 있다. 추위에 약하므로 겨울철에도 최저 13℃ 이하로 떨어지지 않도록 관리한다. 이 온도 이하로 내려가면 냉해를 입어 잎이 검게 변할 수 있다.

습도

40-60% 정도

높은 공중 습도가 필요한 식물이다. 건조한 환경 특히 겨울철 실내에서는 잎끝이 마르거나 갈색으로 변할 수 있다. 주기적으로 잎에 미지근한 물을 분무해 주거나 가습기를 틀어 준다.

물

겉흙이 마르면 듬뿍!

5cm 정도 깊이로 꾹 눌러 만져 보고 흙이 말랐다면 물을 준다. 화분 가장자리를 따라 천천히, 배수구에서 물이 흘러나올 정도로 충분히 준다. 잎끝에 물방울이 맺히는 일액 현상은 식물에 수분이 많다는 신호이므로 이때는 횟수를 조절한다.

새잎은 돌돌 말려 나와 자란다.

꽃잎처럼 보이는 크림색 포엽

열매는 익는 데 약 1년 걸린다.

1

2

3

그밖에 인기 있는 종

1 **몬스테라 알보_** 흰색과 초록색이 섞인 산반 문양의 잎이 특이하게 발현된 희귀하고 고급스러운 품종이다.

2 **몬스테라 아단소니_** 하트 모양의 잎에 구멍이 뚫려 있다. 비교적 크기가 작아 경쾌하고 아기자기한 느낌을 준다.

3 **무늬몬스테라_** 잎에 흰색이나 크림색 무늬가 들어간 희귀 관엽식물. 갈라진 잎과 구멍들, 그리고 독특한 무늬가 어우러진 외관으로 식물 애호가들 사이에서 큰 인기를 끌고 있다.

4

선인장이 아닌, 선인장 같은

유포르비아 티루칼리

Euphorbia tirucalli

원산지 동아프리카 및 남아프리카 지역

속명 *Euphorbia*는 고대 로마 시대 그리스인 의사였던 에우포르부스(Euphorbus)의 이름에서 유래했다. 에우포르부스는 현재 유포르비아속으로 분류되는 어떤 식물의 유액이 약용으로 사용되는 것을 처음 발견한 사람이다. 종명 *tirucalli*는 이 식물이 인도 남부 지역에서 자생할 때 현지에서 불리던 이름이다.

'청산호' 또는 '연필선인장'이란 유통명으로 더 잘 알려져 있다. 선인장이 아니고 유포르비아속 다육식물이다. 연필 두께 정도의 가느다란 원통형 녹색 줄기가 뻗어 나가며 가지를 친다. 줄기 자체가 통통하고 수분을 많이 머금고 있어서 만지면 다육질 특유의 단단하면서도 부드러운 느낌이 있다. 오래된 아랫부분 줄기는 시간이 지남에 따라 점차 목질화되어 갈색 또는 회색으로 변하며 단단해진다. 잎은 매우 작고 일시적이다. 어린줄기에 나타났다가 오래지 않아 떨어져 버리기 때문에 일반적으로는 잎이 없는 식물처럼 보인다. 잎 크기가 워낙 작다 보니 광합성은 줄기들이 담당한다.

유포르비아 티루칼리 두 개체를 기르고 있다. 어찌나 순한지 내 역할이란 그저 애정 어린 시선으로 바라봐 주는 것, 그거면 족하다. 물은 대략 한 달에 한 번 정도, 문득 생각날 때만 주고 있다. 이 식물만큼은 어쩌다 보니 처음 데리고 왔을 때부터 내 식대로 물 주기를 고수하게 되었다. 잘 자라고 있는 걸 보면 내가 티루갈리를 길들였나 보다.

이렇게 키워보세요

초보자가 기르기에 적당하다. 줄기를 잘라 흙에 꽂아 쉽게 번식시킬 수 있다. 잘라 낸 줄기의 단면은 며칠 충분히 말린 후 심는다. 줄기를 자를 때 유액이 나오는데, 독성이 있으니 작업할 때는 반드시 장갑을 착용한다. 어린이나 반려동물이 접근할 수 없는 곳에 두는 것이 좋다.

햇빛

매우 밝은 빛

햇빛이 가장 잘 드는 남향 창가에 두는 것이 좋다. 강한 직사광선에도 잘 견딘다. 빛이 부족하면 줄기가 연약해지고 색이 옅어질 수 있다. 줄기가 햇빛 방향으로 기울어지므로 줄기의 상태를 관찰하면서 화분의 방향을 바꿔 준다.

온도

적정 온도 15-30℃

이 적정 온도 범위에서 가장 활발하게 성장하며 줄기가 통통하고 색감이 선명하게 유지된다. 겨울철에는 최소 10℃ 이하로 내려가지 않게 관리한다. 5℃ 이하에서는 냉해를 입을 수 있다.

습도

크게 신경 쓸 필요 없다

사막 식물이므로 공기가 많이 건조해도 괜찮기 때문에 실내 습도에 신경 쓰지 않아도 된다. 잎이 거의 없어 잎에 분무하는 것도 의미가 없다. 단, 장마철이나 한여름에는 흙의 건조 속도가 느려지므로 선풍기나 서큘레이터를 이용하여 통풍에 신경 쓴다.

물

흙이 완전히 마르면 듬뿍!

줄기 자체가 물을 저장하므로 과습에 매우 취약하다. 봄여름에는 화분 흙이 완전히 마른 후 며칠 더 기다렸다가 주고, 가을과 겨울에는 단수하다시피 해도 된다. 그러나 통통한 몸통이 쪼그라져 보이면 물을 넉넉히 주어 수분을 채워 준다.

생장 초기에만 나오는
매우 작은 잎들

줄기 끝에 돋아난 잎은
마치 꽃처럼 보인다.

파티오라금도 많이 사랑받는
종이다.

조금 더 들여다보기

유포르비아 티루칼리는 '청산호'와 '연필선인장' 외에 '청기린'으로도 불린다. '청산호'라는 이름은 줄기 모양이 산호처럼 생긴 데서 유래했고, '청기린'은 기린처럼 길게 자란다고 해서 붙여진 이름이다. 티루칼리의 품종인 '파티오라금'과 '파티오라'도 '연필선인장'이라는 이름으로 유통되고 있다.

- **파티오라금**(Patiora Gold, **산호금**)_ 줄기 색이 연한 노란빛 또는 황금빛을 띠며, 햇빛을 받으면 주황색, 빨간색 등으로 점차 변하는 특징이 있다. 주로 밝은색 계열의 줄기가 두드러진다. 유포르비아 티루칼리보다 색감이 화려하고 인테리어 효과가 뛰어나다.
- **파티오라**(Patiora, **홍산호**)_ 일부 농장에서는 파티오라금과 파티오라를 구분 없이 부르기도 한다. 햇빛과 온도에 따라 초록→주황→붉은색으로 변한다. 햇빛이 강하면 줄기가 붉은빛을 띠고, 그늘에서는 초록색으로 자란다. 파티오라금에 비해 붉게 물드는 정도가 덜 강하다.

5

여름을 닮은 잎

수박페페로미아

Peperomia argyreia

원산지 브라질, 볼리비아 등 남아메리카 열대 우림 지역

속명 *Peperomia*는 그리스어에서 유래했다. 'peperi(후추)'와 'homoios('-와 닮은', '-와 비슷한')'가 결합한 단어로 후추과에 속하는 식물임을 나타내고 있다. 종명 *argyreia*는 라틴어로 '은빛의'라는 뜻이며, 잎의 은색 줄무늬를 가리킨다.

둥글거나 타원형의 두툼한 다육질 잎을 가지고 있다. 수박 껍질 무늬를 지녀 '수박페페로미아'로 불린다. 잎 뒷면은 연한 녹색을 띠는 경우가 많으나 종종 붉은색 또는 보라색을 띠기도 한다. 열대우림이 원산지인 수박페페로미아는 빛을 충분히 받을 수 없는 환경에 놓여 있다. 그렇다 보니 광합성 효율을 높이기 위한 방법으로 초록색 잎 표면에서 빛을 흡수한 후 보라색 배면에서 다시 반사시키는 전략을 취하게 된 것이다.

붉은빛이 도는 줄기가 잎과 대비되어 시각적으로 매력적이다. 줄기가 길게 자라지 않고 잎이 뿌리에서 바로 돋아나는 듯한 로제트(rosette) 형태로 성장하므로 전체적으로 풍성한 둥근 덤불 형태를 이룬다. 보통 20-30cm 정도로 자라며, 실내에서 키우기 적당한 소형 식물이다.

저렴한 데다 기르기 쉬워서 대중적으로 널리 퍼져 있는 식물이다. 나도 한때 길렀는데, 아담하고 귀엽다며 지인이 관심을 보이기에 건네주었다.

이렇게 키워보세요

잎꽂이, 줄기꽂이, 물꽂이 등 다양한 방식으로 번식시킬 수 있다. 잎자루를 포함해 잎을 흙이나 물에 꽂아 두면 뿌리와 새순이 나온다. 뿌리 성장이 늦으므로 분갈이를 자주 할 필요는 없고 보통 2-3년에 한 번 정도면 된다. 둥근 잎이 옆으로 퍼지면서 계속 나온다. 관리가 쉬운 편이나 성장 속도가 느리다.

햇빛

간접적인 빛

동향이나 북향 창가가 좋다. 남향이나 서향 창가라면 직사광선이 직접 닿지 않도록 커튼 등으로 가려 준다. 꾸준히 간접광을 받으면 잎이 넓어지고 윤기가 생긴다. 반면 햇빛이 너무 부족하면 잎 무늬가 흐려지고, 줄기가 웃자라 전체 모양이 흐트러진다.

온도

적정 온도 18-25℃

이 적정 온도 범위에서 잎의 무늬가 선명하게 유지되고, 줄기가 튼튼하게 자란다. 30℃ 이상의 고온에서는 특히 뿌리 상태에 주의를 기울여야 한다, 기온이 10℃ 이하로 내려가면 잎이 시들면서 떨어질 수 있다.

습도

40-70% 정도

일반적인 실내 습도면 충분하지만 겨울철 실내의 건조한 환경에서는 신경을 써야 한다. 잎에 물방울이 맺히면 곰팡이나 얼룩이 생길 수 있으므로 잎에 직접 분무하지 않는 게 좋다.

물

겉흙이 완전히 마르면 듬뿍!

두꺼운 잎에 수분이 저장된 상태여서 과습에 매우 취약하다. 겉흙이 마르고 나서 며칠 더 기다렸다가 주거나 잎이 조금 힘이 없어 보일 때, 혹은 말랑해졌을 때 물을 준다. 보통 여름에는 1주, 겨울에는 2-3주에 1회 정도가 적당하다.

그밖에 인기 있는 종

1 **필레아페페_** 잎이 동전처럼 둥글고 납작하며 얇고 부드럽다. 동글동글한 귀여운 외형으로 인기가 많다. 번식력도 뛰어나다.

2 **무늬페페_** 초록 바탕에 불규칙한 흰색 얼룩무늬가 있으며, 잎이 두껍다.

3 **청페페_** 가느다란 잎맥이 가지런히 배열되어 단정한 느낌을 준다. 탱글탱글한 초록잎이 싱그럽다.

4 **홍페페_** 줄기부터 시작해 잎자루와 테두리가 붉은색으로 이어져 있다. 잎 뒷면을 보면 마치 물든 듯 붉은색이 돈다. 타원형이며 광택이 있다.

5 **아이린페페_** 붉은 테두리에 노란색 초록색 연두색이 알록달록 섞여 있어 한 다발의 꽃이 연상된다.

6 **글로리아페페_** 물방울 모양과 닮아 '물방울페페'라고도 한다. 동그란 잎의 끝이 뾰족하다. 운이 좋으면 줄기 끝에 피는 길쭉한 하얀 꽃을 볼 수 있다.

6

푸른 별의 출렁임

토끼발고사리 '블루 스타'

Phlebodium aureum 'Blue Star'

원종 기준 원산지 미국 남동부, 중앙아메리카, 남아메리카 열대 지역

속명 *Phlebodium*은 '정맥'을 뜻하는 그리스어에서 유래되었으며, 뿌리줄기의 모양이 혈관처럼 보이는 데서 비롯되었다. 종명 *aureum*은 라틴어로 '황금색'을 의미하며, 이 식물의 어린 뿌리줄기나 털에서 엿보이는 금빛 색조를 반영한 이름이다.

파우더를 뿌린 듯한 색감의 회청색 잎이 신기해서 관심이 갔던 식물이다. 처음 보았을 때 물결처럼 퍼져 나가는 부드러운 형태의 잎이 매우 특별하게 여겨졌다. 빛의 각도에 따라 달라지는 색감도 다른 식물과는 차별화되는 지점이었다. 잎사귀를 조심스럽게 들어 뒷면을 들여다보니, 황금빛의 홀씨주머니무리가 규칙적으로 배열되어 있었다. 잎 모양이 일정하지 않고 다양해서 자유로움이 느껴졌고, 차분하면서도 감각적인 분위기가 배어 나왔다.

잎 하나하나가 커서 어디에 두어도 존재감이 느껴지는 식물이다. 표면에 미세한 털이 있어서 벨벳 느낌을 주긴 해도 광택은 없다. 잎 표면을 덮고 있는 왁스층은 건조한 환경으로부터 자신을 보호하기 위한 장치라고 하니, 지혜로운 식물의 세계가 아닐 수 없다.

야생에서는 흙에 뿌리 내리지 않고 나무나 바위에 붙어살며, 공기 중의 습기나 먼지, 낙엽 부스러기 등에서 양분을 얻는다. 공중에 매달아 벽걸이 식물로 키우면 잎의 물결치는 형태가 더욱 돋보인다. 하지만 토분에 심어도 특유의 매력은 그대로인, 바라보는 것만으로도 마음의 평화가 느껴지는 식물이다.

이렇게 키워보세요

실내 공기 정화에 효과적인 식물이다. 식물체 밑동에서 털이 보송보송한 황금색 또는 노란빛의 굵은 뿌리줄기가 뻗어 나오고 여기에서 새잎이 돋아난다. 뿌리줄기는 흙 위로 드러나게 심는 것이 좋다. 분갈이는 뿌리가 화분에 가득 찼거나 뿌리줄기가 화분 밖으로 많이 뻗어 나왔을 때 하면 된다. 뿌리가 엉켜 있으면 먼저 손으로 살살 주물러 풀어 준다. 포기 나누기로 번식도 가능하다.

햇빛

밝고 간접적인 빛

동향이나 북향 창가가 좋으며, 밝은 실내라면 커튼을 통과한 부드러운 햇빛이 좋다. 빛이 약하면 잎의 색감이 선명하지 않거나 성장이 느려질 수 있다. 북향 창가나 욕실 혹은 주방 같은 비교적 습한 환경과도 잘 어울린다.

온도

적정 온도 18-24℃

최저 15℃ 이상을 유지하는 게 좋으며, 5℃ 이하로 내려가면 냉해를 입는다. 일반적인 실내 온도에 잘 적응하지만, 온도가 낮아지면 성장이 느려진다. 급격한 환경 변화나 찬 바람이 드는 통로는 피하는 것이 좋다.

습도

60% 이상

일반적인 실내 습도(40-50%)보다 높아야 건강하게 자란다. 건조한 환경에서는 잎끝이 마르거나 갈색 반점이 생길 수 있다.

물

겉흙이 마르면 듬뿍!

화분에서 자라는 개체라면 밑으로 물이 흘러나올 때까지 충분히 준다. 착생시켜 놓은 개체라면 침수하는 방법도 좋다. 이 경우 식물체와 그 식물체가 붙어 있는 식재도 함께 담근다.

물결 모양의 굴곡진 잎

잎 뒷면을 보면 홀씨주머니무리가 규칙적으로 배열되어 있다.

빛에 따라 잎 색감이 달라 보인다.

건강한 개체 고르는 체크 포인트

- **잎 상태_** 잎이 푸르고 윤기가 있고 탄력이 있는지 살핀다. 갈변, 마름, 구멍 있는 잎은 피한다. 잎 뒷면에 있는 작은 갈색 점은 포자이므로 걱정하지 않아도 된다. 잎의 색이 너무 연하거나 노란빛이 돌면 햇빛 부족 또는 영양 결핍일 수 있다.
- **뿌리줄기 노출 상태_** 뿌리줄기에서 새순이 올라오는 착생식물이다. 뿌리줄기가 흙 위로 살짝 노출되어 있거나 단단하며 부패 흔적이 없는지 확인한다. 뿌리줄기가 완전히 묻혀 있다면 건강하지 않은 개체일 수 있다.
- **새순 유무_** 중앙에서 연한 색의 새순이 올라오고 있다면 건강하게 성장 중이라는 신호이다. 고르게 말려 있고 균일하게 펴져 있으면 건강한 상태이다. 한쪽으로만 몰려 있거나 비틀려 있으면 선택하지 않는다.
- **전체 수형_** 잎이 풍성하고 균형 있게 펴져 있는지 살핀다. 줄기가 지나치게 길어졌거나 축 늘어져 있다면 빛이나 물이 부족한 상태일 수 있다.

7

녹색에 크림을 떨어뜨리면

스킨답서스 '만줄라'

Epipremnum aureum 'Manjula'

원종 기준 원산지 프랑스령 폴리네시아 모레아섬

속명 *Epipremnum*은 그리스어 'Epi-(위에)'와 'Premnon(줄기)'의 합성어이며, 종명 *aureum*은 라틴어로 '황금빛의'라는 뜻이다. 인도 뭄바이 출신의 개인 개발자 애시시 한소티(Ashish Hansoti)가 에피프렘눔 아우레움 중에서 선별하여 수천 번의 교배와 번식을 거쳐 개발했다. 2012년 특허를 신청해 2014년 'Hansoti14'라는 이름으로 정식 등록했다.

하트 모양의 구겨진 듯한 질감의 잎은 넓고 통통하며, 가장자리는 살짝 물결치듯 구불거린다. 흰색, 크림색, 연두색, 진녹색 등의 무늬가 패치워크처럼 불규칙하게 겹치듯이 나타난다. 때로는 잎의 절반이 흰색인 하프 문 형태의 무늬도 나타난다. 무늬는 물감이 번진 듯한 모습이며, 한 장 한 장 모두 다르게 생겨서 다채로운 느낌을 준다.

국내에서는 '스킨답서스 오레우스'라는 이름으로 유통되는 경우가 흔하다. 그러나 오레우스의 잎에는 황금색이 들어 있고 만줄라에는 없다.

약 5년 전쯤 모종 화분에 있는 어린 만줄라를 하나 샀을 뿐인데, 지금은 개체 수가 엄청나게 불어났다. 햇빛을 받으면 더욱 찬란해지는 황금빛의 오레우스도 함께 키우고 있다. 두 종 모두 순하고 예뻐서 볼 때마다 미소가 피어오른다. '죽이기 힘들다'고 정평이 나 있을 만큼 소위 '식물 킬러'를 자인하는 사람도 쉽게 키울 수 있다.

이렇게 키워보세요

덩굴성 식물이므로 이끼봉이나 코코넛 봉을 세워 타고 올라가게 유도하면 잎 크기가 커지고 무늬도 더욱 선명해질 수 있다. 주기적으로 물을 분무해 주면 공기뿌리가 이끼봉에 잘 부착된다. 주 1회 정도 부드러운 천 또는 해면 스펀지에 물을 묻혀 잎의 앞뒷면을 닦아 준다. 이 방법은 먼지 제거, 광합성 효율 증진, 병해충 조기 발견에 효과적이다. 살충 및 살균에 효과적인 님오일 희석액으로 닦아 주면 더욱 좋다. 이따금 화분 밑의 배수 구멍을 통해 뿌리 상태를 확인하여 너무 과밀하지 않은지 살핀다.

햇빛

밝고 간접적인 빛

동향 혹은 남동향 창가가 이상적이다. 빛이 부족하면 흰색 무늬가 흐려지거나 사라지고 녹색 부분이 많아진다. 선명한 흰색 무늬가 많을수록 더 많은 빛이 필요하다.

온도

적정 온도 18-26℃

15℃ 이상이면 생장이 가능하며, 30℃까지도 견딜 수 있지만 통풍과 수분 관리가 중요하다. 추위에 약하므로 겨울철에는 따뜻한 실내에서 관리해야 한다. 냉난방기 바람은 피한다.

습도

50-70% 정도

높은 습도를 좋아하지만 일반적인 실내 습도에서도 잘 자란다. 너무 건조하면 잎끝이 갈색으로 마른다.

물

겉흙이 마르면 듬뿍!

잎이 아래로 처지면 목마르다는 신호이다. 흙이 계속 젖어 있으면 뿌리 무름병의 주된 원인이 되므로 잘 살핀다. 화분을 들어 보아 평소보다 가볍다고 여겨지면 그때 물을 주는 것도 한 방법이다.

그밖에 인기 있는 종

1 **에피프렘눔 아우레움 '에이스마블'**_ '에이스마블 스킨'이라고도 한다. 넓고 긴 타원형이며, 흰색과 연녹색이 섞인 마블 패턴이 잎 전체에 퍼져 있어 고급스러운 느낌이다.

2 **에피프렘눔 아우레움 '네온'**_ 밝은 형광 연둣빛과 노란빛 잎들이 매우 산뜻하다. '형광 스킨', '네온 스킨'이라고도 한다.

3 **에피프렘눔 아우레움 '엔조이'**_ 잎마다 흰색과 초록색의 선명한 무늬가 제각각 조화를 이루고 있다. '엔조이 스킨'이라고도 한다.

4 **에피프렘눔 핀나툼**_ 성숙한 잎이 몬스테라처럼 갈라지는 독특한 형태를 지닌다.

8

몽글몽글 하얀 솜털

원숭이꼬리선인장

Cleistocactus colademononis

원산지 볼리비아

속명 *Cleistocactus*는 그리스어 'kleistos(닫힌)'에서 유래했다. 이 속의 선인장 꽃이 완전히 활짝 열리지 않고 부분적으로 닫힌 형태를 띠는 특징에서 나왔다. 종명 *colademononis*에서 'cola'는 '꼬리'를 'demono'는 '원숭이의'를 뜻한다. 원숭이꼬리선인장은 유통명이다.

이름도 특이하고 생김새도 유별나서 시선을 사로잡는 선인장이다. 길게 늘어지는 원통형의 줄기를 가졌다. 마치 동물의 꼬리처럼 아래로 축 늘어지며 자라는데, 이상적인 환경에서는 각 줄기가 1m 이상 자라기도 한다. 줄기는 시간이 지남에 따라 점차 목질화되어 굵고 단단해지며, 무게 때문에 더욱 아래로 처지는 수형을 보인다.

줄기 전체를 덮고 있는 가늘고 하얀 솜털 같은 가시가 시각적인 매력을 더한다. 가시는 강한 햇빛으로부터 줄기를 보호하고 건조한 환경에서 수분 손실을 줄이는 역할을 한다. 다육질의 통통한 줄기는 건조한 원산지 환경에서 수분을 효율적으로 저장하기 위한 선인장의 특징을 잘 보여 준다. 줄기에 수분을 가득 머금고 있어 적당한 수분 상태를 유지하며 생존하게 된다. 성장 속도가 빠른 편이라 키우는 재미가 있다. 늘어진 형태를 살리는 행잉 화분이 가장 예쁘다. 가시에 먼지가 쌓일 수 있으니 이따금 붓으로 살살 털어 준다.

오래된 개체라면 봄에서 초여름에 걸쳐 짙은 붉은색 꽃이 피긴 하나, 실내에서 기를 경우 대체로 꽃을 보기 힘들다.

이렇게 키워보세요

초보자가 기르기 적당한 식물이다. 번식시키는 것도 어렵지 않다. 건강한 줄기를 자른 후 단면이 단단하게 말라 굳을 때까지 그늘에서 말린다. 충분히 건조하지 않으면 세균이나 곰팡이가 침투할 수 있다. 개체 크기에 따라 단면이 마르기까지 1주일 이상 소요될 수 있다. 다 마르면 배수성이 좋은 흙에 심는다.

햇빛

밝고 간접적인 빛

직사광선에도 잘 견딘다. 다만 여름철 강한 햇빛에는 줄기 화상을 입을 수 있으므로 커튼 등으로 조절하는 것이 좋다. 아침 햇살은 충분히 쪼여 준다. 빛이 부족한 경우 식물 생장등을 활용하면 좋다.

온도

적정 온도 18-25℃

따뜻한 환경을 잘 유지해 주면 줄기가 길게 늘어지고 성장 속도도 빨라진다. 겨울철에도 대체로 약 5℃까지는 견디지만 장기간 10℃ 이하로 떨어지면 냉해나 뿌리 부패 위험이 있다. 온도 변화가 잦으면 가시가 듬성해지거나 끝이 마를 수 있다.

습도

40-60% 정도

일반적인 실내 습도에서 잘 자란다. 특별한 가습 장치 없이도 무난하게 키울 수 있다. 그러나 습도가 너무 높을 경우에는 줄기 무름병이나 곰팡이가 생길 수 있다.

물

건조하게 관리하는 것이 핵심

봄여름에는 물을 주기 전에 흙이 완전히 말랐는지 먼저 확인한다. 일반적으로 1-2주일에 한 번 정도가 적당하다. 가을과 겨울에는 물 주는 횟수를 현저히 줄이거나 거의 주지 않아도 된다. 만일 겨울에 물을 주게 된다면 한 달에 한 번 정도 아주 소량만 준다. 냉해 방지를 위해 낮은 온도에서는 물을 주지 않는다.

줄기를 덮고 있는 하얀 솜털 같은 가시

화분 방향을 주기적으로 바꿔 균형을 잡아 준다.

동물 꼬리 모양의 원통형 줄기

더욱 잘 키우기

- **'가시'의 숨 쉬는 기능을 활성화시킨다_** 가시 사이사이로 공기가 원활히 순환하게 하는 것이 중요하다. 미풍은 가시 사이에 습기가 고이는 것을 막아 곰팡이나 물러짐을 방지하고, 식물 전체의 호흡을 돕는다. 밀폐된 공간이라면 서큘레이터를 약하게 틀어 공기 흐름을 만들어 준다.
- **무게 중심 관리_** 줄기는 시간이 지날수록 길게 늘어지는 만큼 무게 또한 증가한다. 따라서 화분 하단이 안정적인 것을 선택하는 것이 좋다. 무게 때문에 화분이 넘어지거나 줄기가 꺾일 위험이 있기 때문이다.
- **균형 잡힌 수형 유도_** 아직 어린 개체여서 줄기가 단단하지 않다면 임시로 지지대를 설치해 줄기가 꺾이지 않도록 한다. 줄기가 특정 방향으로 너무 치우치지 않도록 주기적으로 화분 방향을 돌려 균형 잡힌 수형을 유도한다.

9

우아한 칼날의 춤

긴잎고무나무 '얼라이'

Ficus binnendijkii 'Alii'

원종 기준 원산지 인도, 미얀마 등 남아시아 및 동남아시아 지역

속명 *Ficus*는 무화과나무속을 의미하며, 이 속의 식물들은 일반적으로 '고무나무'라고 불린다. 종명 *binnendijkii*는 이 종을 처음 기술한 네덜란드의 식물학자 시몬 비쿠스 빈넨다이크(Simon Binnendijk)의 이름에서 유래했다. Alii는 하와이어로 '왕족' 또는 '고귀한'을 뜻한다.

대나무처럼 길고 가는 칼날 모양의 강하고 두꺼운 잎이 특징이다. 다른 고무나무들이 넓고 둥글거나 타원형의 잎을 가진 것과 대조적이다. 성장하면서 잎이 점차 커지고 풍성하게 퍼지는데, 대체로 짙은 녹색이며 아래로 유연하게 처지는 경향이 있다. 표면에 은은한 광택이 돌아 세련되어 보인다.

긴잎고무나무는 잎이 매우 길고 좁은 원종이며, 긴잎고무나무 '얼라이'는 이것의 원예품종이다. 원예시장에서는 흔히 '알리고무나무'로 유통되고 있다. 대개 외목대 형태로 자라고 줄기가 곧게 뻗어 올라가면서 잎이 무성하게 달리는 것이 일반적이다. 무늬가 있는 품종도 있어 다양한 분위기 연출이 가능하다. 동양적인 느낌을 주며 미니멀한 공간에서도 포인트 식물로 잘 어울린다. 줄기를 자르면 하얀 유액이 나오므로 피부에 닿지 않도록 주의해야 한다. 생명력이 강하고 실내 환경에 비교적 잘 적응하는 편이라 기르기 어렵지 않다. 대체로 빠르게 성장해서 기르는 재미도 있다.

이렇게 키워보세요

공기 정화 효과가 뛰어나다. 잎이 먼지로 덮이지 않도록 부드러운 천으로 이따금 닦아 주면 광택이 더욱 살아난다. 화분은 식물 뿌리의 크기에 맞춰 적당한 것을 선택한다. 뿌리보다 너무 크면 과습 우려가 있다. 통풍이 중요한 식물이므로 자주 환기해 준다. 너무 길거나 지저분한 가지는 잘라 내서 수형을 잡아 주고, 가지치기 후에는 상처 부위가 잘 마르도록 관리한다.

햇빛

밝고 간접적인 빛

어두운 곳에서도 어느 정도 적응하지만 밝은 빛을 더 좋아한다. 창가 가까이 두되 여름철에는 커튼 등으로 빛을 걸러 주는 것이 좋다. 반그늘에서도 잘 자라지만 빛이 부족하면 잎이 작아지고 웃자라며 잎 간격이 넓어진다.

온도

적정 온도 18-25℃

겨울철에도 12℃ 이상을 유지하는 것이 좋다. 갑작스러운 온도 변화나 찬바람은 잎을 떨어뜨리는 원인이 될 수 있다. 창가 또는 에어컨이나 난방기구 등 바람이 직접 닿는 곳은 피해야 한다.

습도

40-70% 정도

촉촉한 환경을 좋아한다. 습도가 낮으면 특히 아래쪽 잎이 쉽게 떨어질 수 있다. 습도 조절을 위해 분무기를 사용해도 좋으나 너무 잦으면 잎에 곰팡이가 생길 수 있다.

물

겉흙이 완전히 말랐을 때

봄여름에는 겉흙이 마르면 바로 주고, 가을과 겨울에는 흙이 완전히 마른 후 며칠 더 기다렸다가 주는 게 좋다. 물을 덜 주고 건조하게 키운다는 느낌으로 관리하면 비교적 안전하다. 특히 겨울철에는 최소한의 관리만 해 준다.

그밖에 인기 있는 종

1 **떡갈고무나무_** 넓은 잎 모양이 우리나라의 떡갈나무와 닮았다. 바이올린 형상과도 비슷해 영문명에 피들(Fiddle)이 붙는다. 환경에 예민한 편이다.

2 **인도고무나무_** 넓고 두꺼운 타원형 잎의 끝에 뾰족한 작은 돌기가 있다. 초록 바탕에 명확한 선을 그은 듯한 잎맥이 단정한 느낌을 준다. 일부 품종에는 붉은빛이나 무늬가 들어가 있다.

3 **벵갈고무나무_** 넓고 긴 타원형으로, 진초록색과 연초록 두 가지 톤이 잎마다 다른 무늬를 이루고 있다.

4 **수채화고무나무_** 초록 바탕에 연노랑 테두리가 마치 붓으로 그린 듯한 모양이다. 잎맥을 기준으로 연분홍이 살짝 더해져 다채로운 색감을 준다.

10

벽을 타고 피어나는 삶

아이비

Hedera helix

원산지 유럽, 서아시아 지역

속명 *Hedera*는 라틴어에서 유래했으며 '담쟁이덩굴'을 의미한다. 종명 *helix*는 고대 그리스어에서 유래했으며, '나선' 또는 '나선형으로 감는'이라는 뜻이다. 벽이나 나무를 따라 나선형으로 감아 올라가는 생육 습성을 표현하고 있는 이름이다.

우리가 '아이비'라고 부르는 식물은 일반적으로 '잉글리시 아이비'를 말하며, '서양송악'이라는 우리말 이름도 가지고 있다. 강인한 생명력과 뛰어난 적응력이 가장 큰 특징이다. 어떠한 환경에서도 잘 자라기 때문에 북미 일부 지역에서는 생태계 교란의 우려로 제한하기도 한다. 3개 또는 5개로 갈라진 '손바닥 모양(장상엽)'이 가장 일반적인 형태이다. 흡착근이라는 특수한 뿌리를 이용해 벽이나 바위 등 어떤 표면이든 끈질기게 붙어서 살아남는다. 이 흡착근은 강력한 접착력을 지니고 있어 식물이 수직으로 성장할 수 있도록 지탱해 준다. 따라서 더욱 높은 곳까지 도달할 수 있고, 햇빛도 충분히 받을 수 있다. 이는 생존에 매우 유리한 전략이다.
어느 날, 담을 가득 덮고 있는 아이비를 보게 되었을 때 문득 길러보고 싶은 생각이 들었다. 줄기를 비스듬히 자른 다음 아래 잎은 제거하고 흙에 꽂아 봤는데, 다행히 뿌리내리는 데 성공했다. 길게 늘어진 모습으로 오랫동안 내 공간을 풍성하게 만들어 준 주인공이다.

이렇게 키워보세요

햇볕이 잘 드는 곳부터 그늘진 곳까지, 건조한 토양에서 습한 토양에 이르기까지 다양한 환경에서 두루 잘 자란다. 원하는 수형을 만들기에 수월한 식물이고, 길게 자란 줄기를 잘라 주면 더욱 풍성해진다. 잘라 낸 줄기는 꺾꽂이로 쉽게 번식시킬 수 있다. 물꽂이, 흙꽂이 모두 성공률이 높은 편이다. 잎의 모양, 크기, 색깔, 무늬 등에 따라 수백 가지 품종이 있다.

햇빛

간접적인 빛

양지나 음지 어디서든 잘 자라며, 직사광선이 직접 닿지 않는 밝은 곳에서 특히 잘 큰다. 다양한 빛 조건에 적응력이 좋은 편이지만, 무늬가 있는 품종은 빛이 부족하면 무늬가 흐려질 수 있다.

온도

적정 온도 16-25℃

실내 온도에서 잘 자라며, 일반적인 가정 환경에 적합한 식물이다. 적정 온도 범위에서는 잎의 색과 무늬가 뚜렷하게 유지되고, 줄기와 뿌리의 생장도 활발하게 이루어진다.

습도

40-70% 정도

50%가 가장 이상적인 습도이며, 가늠하기 힘들면 온습도계를 사용한다. 통풍이 중요하다. 습도가 높게 지속되면서 공기 순환이 잘 안되면 병해충이 생기기 쉽다.

물

겉흙이 완전히 말랐을 때 듬뿍!

손가락으로 2-3cm 정도 꾹 찔러 보아 흙이 말랐다고 여겨지면 물을 준다. 봄에서 가을까지는 1주일에 1-2회 정도, 겨울 휴면기에는 2-3주에 1회 정도가 적당하다. 난방으로 실내가 건조할 경우, 잎에 분무해 준다.

그밖에 인기 있는 종

1 **윌리아이비**_ 흰색 또는 연노랑 무늬가 있으며, 가장자리 굴곡이 완만하고 부드럽다.

2 **하트아이비**_ 하트 모양의 초록 잎이 귀엽고 사랑스럽다.

3 **별아이비**_ 별을 닮은 뾰족한 잎이 특징이며, 무늬종과 일반종이 있다.

4 **골드하트아이비**_ 잎 중앙에 노란빛이 도는 무늬가 잎맥 사이에 대충 걸친 듯 놓여 있다.

5 **무늬아이비**_ 흰색 테두리와 연두색 무늬가 다양한 패턴으로 섞여 있다.

6 **드림아이비**_ 연노랑 무늬가 잎 테두리를 둘러싸고 있어 화사하다.

7 **천사의 날개**_ 잎 가장자리가 프릴처럼 말려 있으며, 간혹 붉은색이 돌기도 한다.

8 **원더아이비**_ 수채화 느낌의 흰색 테두리 무늬가 선명하다.

11

말없이 선을 긋는다

드라세나 마지나타

Dracaena marginata

원산지 마다가스카르

속명 *Dracaena*는 고대 그리스어 'drakaina(암컷 용)'에서 유래한 것으로, 일부 드라세나 종의 줄기를 자르면 나오는 붉고 묽은 수액이 마치 용의 피를 연상시킨다는 데서 이름이 붙었다. 종명 *marginata*는 라틴어 marginatus(가장자리에 테두리가 있는)에서 비롯되었다.

약간은 외로워 보이고 드라이하면서 도시적인 느낌, 이런 감상이 드라세나 마지나타에 대한 첫인상이었다. 길고 가는 잎이 유려하게 늘어져 있고, 잎 하나하나가 붓끝으로 그린 선처럼 섬세해 보였다. 특히 얇고 긴 잎이 바람결을 따라 흔들릴 때는 꽤나 인상적이었다.

붉은 테두리가 있는 종이 가장 널리 유통되며, 품종에 따라 테두리가 거의 없는 것도 있다. 가늘게 뻗은 잎은 수분 손실을 줄이기 위해, 견고한 줄기는 양분을 저장하기 위해, 그리고 강인한 뿌리 체계는 물이 부족해도 시들지 않고 굳건히 서 있기 위해 생겨난 진화의 결과물이다. 이것은 마다가스카르의 척박한 땅에서 태어난 이 식물이 뜨거운 바람을 견디며 살아내는 방식이다. 긴 여행으로 한동안 물을 주지 못했을 때도, 우리 집 드라세나가 꿋꿋하게 버텨준 이유가 바로 여기에 있었다. 우리가 아름답다고 느끼는 식물의 자태는 사실 생존을 위한 고요한 계산의 결과일지도 모른다.

이렇게 키워보세요

공기 정화 능력이 있다. 건조하거나 어두운 환경에 강해 키우기 쉽다. 전정을 하지 않아도 수형을 유지하기 쉬운 편이며, 전정할 경우에는 가지를 Y자 형태로 자른다. 2-3마디 길이로 자르면 뿌리 활착이 쉽다. 줄기 커팅 후 물꽂이와 흙꽂이 모두 가능하다. 느리지만 단단하게 성장한다. 분갈이는 2-3년에 한 번, 뿌리가 화분 밖으로 나오거나 흙이 굳어졌을 때 해 주면 된다. 줄기가 너무 길어지면 윗부분을 잘라 아래에서 새순이 올라오게 한다.

햇빛

밝고 간접적인 빛

빛이 부족한 실내에서도 잘 자라긴 하지만, 너무 어두운 곳에서는 잎의 색이 흐려지고 줄기가 웃자랄 수 있다. 이 경우 주기적으로 밝은 곳으로 옮겨 빛을 쐬어 주거나 식물등을 활용하면 효과적이다.

온도

적정 온도 18-25℃

적정 온도 범위에서 가장 건강하게 자라며, 잎의 색감과 윤기가 잘 유지된다. 추위에 약하므로 겨울철에는 10℃ 이상으로 유지해 주고, 급격한 온도 변화나 찬바람이 드는 곳은 피한다.

습도

40-70% 정도

일반 가정집에서도 잘 견딘다. 만일 실내가 많이 건조하다면 2-3일에 한 번씩 잎에 분무를 해 준다. 지속적으로 습도가 높으면 병해충이 생기기 쉬우므로, 그런 경우에는 환기가 필요하다.

물

잎이 아래로 처질 때

잎이 축 처질 때는 식물이 물을 원한다는 신호이다. 뿌리가 잘 발달해 있어 건조에는 강하지만 과습에는 약하다. 불소 성분에 민감한 식물이므로 빗물 사용을 권장한다. 수돗물을 사용한다면 하루 정도 받아 뒀다가 사용하는 것이 좋다.

그밖에 인기 있는 종

1 **드라세나 '콤팩타'**_ 단단한 줄기에서 진한 초록색 잎이 무성하게 달려 나와 방사형을 이룬다. 잎 모양이 마치 옥수수자루 같다.

2 **드라세나 드라코**_ 하늘을 향해 치솟듯 길쭉하게 뻗은 잎이 매우 힘차다. 끝이 뾰족한 잎은 우산처럼 펼쳐지기도 한다. '용혈수(Dragon Tree)'라고도 한다.

3 **드라세나 리플렉사 '송 오브 인디아'**_ 초록색 바탕에 연녹색의 가는 줄무늬가 있고, 노란색 테두리가 잎 전체를 둘러 감싸고 있다.

4 **드라세나 마지나타 '레인보우'**_ 초록 바탕에 분홍, 노랑, 연두 등 다양한 색감의 줄무늬가 잎 가장자리를 둘러싸고 있다. 이름에 레인보우가 붙여진 이유이다.

12

패턴의 미학

페페로미아 프로스트라타

Peperomia prostrata

원산지 브라질을 포함한 남아메리카 열대 지역

속명 *Peperomia*는 그리스어 'peperi(후추)'와 'homoios(비슷한, 유사한)'의 합성어로 후춧과에 속해 지어진 이름이다. 종명 *prostrata*는 라틴어로 '땅에 납작 엎드린' 또는 '기어가는'이라는 뜻이며, 줄기가 길게 뻗어 땅을 기어가거나 늘어지는 덩굴성 성장 습성을 반영하여 지어졌다.

착생식물인 동시에 덩굴성 식물이다. 작고 동글동글하고, 통통한 잎을 가지고 있다. 거북이 등껍질처럼 어두운 녹색 바탕에 밝은 녹색, 흰색 또는 은색의 독특한 줄기 무늬가 있어 '거북이페페'라는 별명이 있다.

보드랍고 통통한 잎에는 수분이 저장되어 있어 물을 자주 주지 않아도 잘 자란다. 성장이 느린 편이지만 생명력은 강하다. 빽빽하게 잎을 형성하면서 자란다.

섬세하고 가는 줄기는 붉은색을 띠는 경우가 많다. 늘어지거나 매달리는 습성이 있어 벽걸이 형태로 매달아 기르면 실내 분위기가 살아난다.

X에서 무료 나눔을 받아 오래 키운 경험이 있다. 한가위 무렵이었던 것 같은데, 친절하게도 택배 비용을 부담하면서까지 보내 주었다. 자른 줄기 여러 가닥을 촉촉하게 젖은 수태에 감싸서 플라스틱 용기에 넣어 보냈다. 얼굴 한 번 본 적 없는 '랜선 친구'였지만, 그의 정성에 깊이 감동하여 잊지 못하고 있다.

이렇게 키워보세요

성장 속도가 느리기 때문에 작은 화분에서도 오랫동안 키울 수 있다. 다육식물용 배양토나 펄라이트 혼합토를 사용하도록 한다. 줄기를 잘라 며칠간 상처 부위를 말린 후, 흙에 심거나 물꽂이로 뿌리를 내리면 번식도 어렵지 않다. 번식은 봄부터 초여름이 가장 적기이다. 응애를 조심해야 하는데, 잎 무늬 때문에 늦게 발견할 수 있으므로 주기적으로 잎 뒷면을 살펴본다.

햇빛

밝고 간접적인 빛

동향 혹은 서향 창가가 좋다. 남향일 경우 커튼이나 블라인드로 빛을 걸러 준다. 빛이 너무 약하면 잎이 작아지고 줄기도 얇아지거나 길게 웃자랄 수 있다. 성장도 느려진다. 은은한 빛을 오랫동안 받을 수 있는 곳이 좋다.

온도

적정 온도 18-24℃

30℃ 이상의 고온이나 15℃ 이하의 저온에서는 성장이 저해되거나 냉해를 입을 수 있으므로 주의한다. 서늘한 기온에 민감하다.

습도

50% 이상

일반 실내 습도에도 잘 견디지만, 너무 건조한 환경보다는 약간 습한 쪽이 더 낫다. 분무는 잎에 물때가 생기므로 피한다. 가습기를 사용하거나 식물 주변에 물이 담긴 용기를 두면 효과적이다. 적절한 공기 순환과 통풍이 중요한 식물이다.

물

겉흙이 완전히 마르면 듬뿍!

화분 무게가 가벼워졌다거나 잎이 쪼글쪼글해지면 물이 필요한 시기이다. 잎 크기가 작아 수분 증발이 빠르지 않으므로, 습한 계절에는 물 주기 간격을 더 늘려도 된다. 겨울에는 횟수를 훨씬 많이 줄인다. 젖은 흙에 오래 두면 뿌리가 썩고, 이후로 줄기까지도 썩어 들어가니 물 주는 것에 각별히 신경을 쓴다.

거북이 등껍질 같은 문양

다육질로 통통하고 단단하다.

페페로미아 그린벨리

건강한 개체 고르는 체크 포인트

- **무늬와 잎의 색상_** 가장 중요한 부분이다. 잎의 무늬가 또렷하고 선명한지 확인한다. 손으로 만져 봐서 잎이 통통하고 탄력이 있는지도 살핀다. 잎에 수분을 저장하는 식물이므로, 잎이 쭈글쭈글하거나 힘이 없다면 물 부족 혹은 뿌리 상태가 좋지 않은 개체일 수 있다.
- **덩굴의 풍성함과 길이_** 길게 늘어지는 덩굴이 매력적인 식물이다. 따라서 화분 안의 줄기들이 듬성듬성하지 않고 풍성하게 자라 있는지 확인한다. 줄기의 수가 너무 적으면 빈약해 보일 수 있다. 원하는 길이를 가졌는지도 살핀다. 짧은 줄기를 원한다면 어린 개체를, 바로 공중에 걸고 싶다면 어느 정도 길이가 있는 것을 선택하는 것이 좋다. 덩굴이 중간에 끊어지거나 손상된 부분이 없는 것을 고른다.
- **잎의 크기와 균일성 유무_** 건강한 개체는 잎 크기가 고르고 일정한 간격으로 배열되어 있다. 잎이 너무 작거나 불규칙하게 배열되어 있다면, 이는 영양 부족이나 환경 스트레스 때문이다. 줄기 끝에 작고 건강한 새잎이 돋아나고 있다면 식물이 현재 성장 중임을 나타내는 좋은 신호이다.

13

덩굴처럼, 사슬처럼

립살리스 파라독사

Rhipsalis paradoxa

원산지 브라질

속명 *Rhipsalis*는 그리스어 'rhipsalíd'에서 유래했으며, '버들가지 같은 것'을 의미한다. 종명 *paradoxa*는 라틴어 'paradoxus'에서 왔으며, '역설적인', '기묘한'이라는 뜻이 있다.

축 늘어지는 푸른 줄기가 기묘하리 만큼이나 독특한 감상을 부여하는 식물이다. 마치 퍼즐 조각을 이어 붙인 것처럼 마디들이 촘촘하게 연결되어 사슬처럼 드리운다. 그 사이로 스며드는 부드러운 빛의 조각들은 또 얼마나 아름다운지 모른다. 늘어진 줄기는 중력의 법칙에 순응하겠다는 듯 아래로 한없이 흐른다. 쇠사슬처럼 생겨서 영어로는 'Chain Cactus'라고도 불린다. 성체의 경우 최대 2m 정도까지 자라고, 줄기의 지름도 약 60cm까지 퍼질 수 있다니 그 모습을 꼭 한번 보고 싶다. 한때 립살리스속 식물에 매료되어 하루가 멀다고 새로운 종들을 들여오곤 했다. 파라독사, 폭스테일, 바키페라, 슈도, 팝아이 등 이름도 생김새도 제각각인 녀석들을 집안 곳곳에 매달아 놓았었는데, 그중에서도 단연 나를 사로잡은 건 파라독사였다. 촉수를 길게 늘이며 점점 더 치렁치렁해지는 그 모습은 더할 나위 없었다.

시간이 흐르면서 그들 중 상당수가 내 곁을 떠나고 말았다. 그럼에도 불구하고 립살리스 종류에 대한 애정을 멈출 수 없는 이유는 다른 어떤 식물과도 닮지 않은, 그들만의 독특한 개성과 분위기 때문이다.

이렇게 키워보세요

우리가 흔히 아는 선인장과는 달리 나무나 바위에 붙어 사는 착생 선인장이다. 따라서 흙보다는 공중 습도를 선호하므로 일반적인 사막 선인장과는 다른 관리법이 필요하다. 생장점이나 잎 사이를 잘라 주면 Y자 형태로 새 가지가 나온다. 수경재배를 할 때는 뿌리를 깨끗이 씻은 후, 뿌리가 시작되는 지점까지만 물에 담가 준다. 가지가 덩어리로 길게 늘어지므로 상한 부위가 생기면 과감하게 자른다.

햇빛

은은하고 간접적인 빛

반그늘에서도 잘 자라지만 빛이 너무 없거나 어두우면 줄기 마디가 얇아져서 전체적으로 풍성함이 사라질 수 있다. 창가에서 약간 떨어진 곳이나 밝은 욕실 등이 적합하다.

온도

적정 온도 18-27℃

따뜻한 온도를 좋아한다. 한여름 한낮에 강한 햇빛이 들면 화분 속 흙의 온도가 올라가서 뿌리가 손상될 수 있다. 겨울철에는 최저 10℃ 이상은 유지해야 냉해를 입지 않으며, 7℃ 이하로 내려가면 줄기가 얼어서 물러지고 썩을 수 있다.

습도

40-70% 정도

비교적 높은 습도를 좋아한다. 건조한 환경에서는 줄기가 쭈글쭈글해지거나 줄기 끝부분이 마를 수 있고, 생장이 더디다. 주기적으로 분무해 주고 근처에 가습기를 두면 좋다.

물

저면관수

겉흙이 마를 때 위에서 물을 주는 방식도 가능하지만, 상시 저면관수가 효과적이다. 일반적인 사막 선인장보다 물을 좋아하는 편이나 과습에는 취약하다. 햇빛이 강한 시간대에는 주지 말고, 오전이나 늦은 오후가 좋다.

1

2

3

4

5

6

그밖에 인기 있는 종

1 **립살리스 '팝아이'**_ 줄기가 뽀빠이의 팔처럼 통통하고 곤봉 모양이다.

2 **립살리스 '루비'**_ 빛을 많이 받으면 붉은색, 빛이 적으면 초록색으로 환경에 따라 색이 달라진다. 작은 흰색 꽃이 피며, 투명한 작은 열매를 맺기도 한다.

3 **립살리스 클라바타 '레인'**_ 가늘고 긴 초록색 줄기가 여러 갈래로 뻗으며, 폭포수처럼 아래로 늘어지는 수형을 지닌다.

4 **립살리스 '트리고나'**_ 단면이 세모 모양이며, 줄기가 삐죽 뻗으며 자란다.

5 **립살리스 테레스**_ 가늘고 길게 뻗으며 자라는 초록색 줄기가 특징이다. 성숙하면 작은 노란 꽃이 피기도 한다.

6 **립살리스 카수타**_ 가늘고 부드러운 줄기가 아래로 길게 늘어지며 자란다. 작고 투명한 흰색 꽃이 핀 후, 열매를 맺는다.

14

벽에 피는 날개

박쥐란

Platycerium bifurcatum

원산지 열대 아프리카, 동남아시아, 오스트레일리아 등

속명 *Platycerium*은 그리스어 'platys(넓은, 평평한)'와 'keras(뿔)'의 합성어이며, 넓고 평평하고 뿔처럼 갈라지는 잎 형태에서 유래했다. 종명 *bifurcatum*은 라틴어로 '두 갈래로 갈라진'이라는 뜻이다. 두 갈래로 갈라지는 생식잎에서 나온 이름이다. 사슴뿔을 닮은 모습 때문에 영어권에서는 '사슴뿔고사리'라고 한다.

박쥐란은 그 자체로 하나의 조형물처럼 공간을 꾸며주는 식물이다. 어둠 속을 유영하는 한 마리의 박쥐 같아서 상상력을 자극한다. 날개를 펼친 박쥐를 연상시키는 잎 모양 때문에 '박쥐란'이라는 이름으로 유통되지만, 정확하게는 '플라티세리움(Platycerium)'이다. 그중에서도 '비푸르카툼'은 가장 대중적이며 흔히 볼 수 있는 종이다. 잎맥이 그물처럼 결합되어 있으며, 고사리류에 속한다. 박쥐란은 '날개' 아래에 영양잎이라는 또 다른 형태의 잎이 있다. 부착 면에 납작하게 밀착하여 방패처럼 자라는 영양잎은 뿌리를 보호하고, 낙엽이나 벌레 사체 등의 유기물을 모으는 역할을 한다. 시간이 지나면 갈색으로 변해 마르지만 그대로 두는 것이 영양분 공급과 뿌리 보호에 좋다. 생긴 모양으로만 보면 기르기에 까탈스러울 것 같아도 의외로 순하다. 나무판에 착생시켜 키우면 인테리어 효과가 극대화된다. 나는 벽걸이용 코코넛 화분에 넣어 키우고 있는데 성장이 더뎌 내심 애타는 마음이다. 어느 날 불쑥 자라나서 놀라움을 안겨 주면 좋겠다.

이렇게 키워보세요

바크, 수태, 난석 등을 혼합하여 화분에 심거나 나무판, 유목, 코르크 보드 등에 부착하여 키운다. 주로 모체에서 자라는 어린 개체를 분리하여 번식시킨다. 포자를 이용한 번식도 가능하다. 원종만 해도 18가지 정도이며, 원종들 간의 교배를 통해 만들어진 교잡종이나 특정 원종 내에서 발견되는 품종까지 합하면 실제로 유통되고 재배되는 박쥐란의 종류는 훨씬 더 많다. 성장 속도는 비교적 느린 편이다.

햇빛

중간 이상의 빛

양치식물이지만 햇빛을 좋아하는 편이다. 다만 직사광선은 피해야 한다. 거실 창쪽이나 발코니 안쪽에서 키우면 적당하다. 특히 봄철은 새잎이 돋는 시기이므로 햇빛의 양을 충분히 확보해 준다.

온도

적정 온도 18-28℃

여름철 30℃ 이상의 고온인 환경에서는 저녁에 물을 주어 열기를 식혀 주는 것이 좋다. 냉해에 취약하므로 겨울에는 12℃ 이하로 내려가지 않게 주의한다.

습도

50-70% 정도

높은 습도를 좋아하므로 욕실이나 주방 근처에 두는 것도 권장한다. 특히 욕실은 샤워할 때 생기는 습기 때문에 매우 효과적이다. 하루 1-2회 정도 식물 주변이나 잎에 가볍게 분무해 준다.

물

식재가 마르면 충분히

물에 푹 담가 10-30분 정도 충분히 흡수시킨 후 완전히 건조해 다시 걸어 둔다. 이때 착생하고 있는 개체(식재)와 식물체 모두를 담가야 하며, 영양잎과 뿌리 부분도 충분히 젖도록 한다. 만일 흙에 심었다면 겉흙이 말랐을 때 흠뻑 준다.

갈색 영양잎

생식잎

건강한 개체 고르는 체크 포인트

- **영양잎**(방패잎) **상태_** 갈색으로 변하고 단단해진 영양잎은 정상적인 성장 과정이므로 걱정하지 않아도 된다. 영양잎이 뿌리 부분에 단단히 밀착되어 있지 않고 들떠 있거나 떨어져 나간 흔적이 많다면 선택하지 않는다.
- **생식잎**(사슴뿔 잎) **상태_** 사슴뿔처럼 길게 뻗어 나오는 생식잎은 진한 녹색을 띠고 윤기가 있어야 한다. 노랗거나 갈색으로 변한 잎(물 부족, 뿌리 문제, 영양 부족), 힘없이 처지거나 얇아진 잎(주로 물 부족) 그리고 검은 반점, 하얀 가루, 끈적거림(곰팡이병이나 해충 감염의 흔적)이 있다면 피한다.
- **뿌리 및 착생 매체 상태_** 수태에 붙어 있는 개체라면, 수태가 너무 물컹거리거나 곰팡이가 슬어 있지 않은지 확인한다. 흙에 심겨 있다면 흙 표면에 곰팡이가 피어 있거나, 지나치게 축축하거나, 악취가 나지 않는지 확인한다.

15

닿지 않아도, 뻗는다

티에르만니넉줄고사리

Davallia tyermannii

원산지 열대아시아 및 말레이시아를 포함한 태평양 일부 섬 지역

속명 *Davallia*는 스위스 출신 식물학자이자 수집가인 알렉산더 다발(Alexander Davall)의 공로를 인정하여 붙여진 이름이며, 종명 *tyermanii* 또한 이 식물의 연구에 이바지했다고 알려진 선교자이자 탐험가 다니엘 타이얼만(Daniel Tyerman)을 기리기 위해 붙여졌다.

밝고 싱그러운 녹색 잎이 여러 갈래로 갈라지는 우상엽이다. 과거 학명인 *Humata tyermannii*의 속명 *Humata*에서 비롯되어 지금도 '후마타고사리'로 부르고 있다. 고사리 특유의 부드럽게 늘어지는 잎은 실내 공간에 생동감과 안정감을 더하며 우아한 분위기를 연출한다.

가장 큰 특징은 뿌리줄기에 있다. 이 뿌리줄기에는 복슬복슬한 흰색 또는 은빛 털이 촘촘히 덮여 있는데, 화분 밖으로 길게 뻗어 나와 기어가듯 퍼지는 모양새를 하고 있다. 옆으로 뻗어 나온 뿌리줄기는 공기 중의 습기와 유기물을 흡수하기 위한 생태적인 적응으로, 번식에도 중요한 역할을 한다.

크게 까다롭지 않은 식물이라지만, 내게 고사리류는 늘 어렵고 예민한 존재였다. 한때 세상의 모든 양치식물은 다 섭렵해 보겠노라며 다양한 종들을 들이기도 했다. 그러나 그 열정이 무색하게 지금은 무늬아비스와 '블루 스타'만 남아 있을 뿐이다. 여러 계절을 지나 살아남은 이 둘은 어쩌면 나와 가장 호흡이 잘 맞는 식물이거나, 그만큼 더 강인한 생명력을 지닌 친구들인지도 모르겠다.

이렇게 키워보세요

천연 가습기이자 공기 청정기라 부를 정도로 공기 정화에 효과가 있다. 벽걸이용 화분이나 마크라메에 넣어 걸어 두면 인상적인 공중 정원을 연출할 수 있다. 높은 습도를 좋아하는 특성이 있으므로 유리 용기나 테라리움을 활용해 길러도 좋다. 뿌리줄기(토끼발)가 붙은 상태로 포기 나누기를 하면 번식이 잘된다.

햇빛

밝고 간접적인 빛

창가에서 약간 떨어진 곳이나 빛이 잘 들어오는 거실 중앙 같은 곳이 적합하다. 강한 직사광선을 쬐면 잎이 타들어 가거나 잎끝이 갈색으로 마를 수 있다. 빛이 부족한 실내에서도 잘 자라지만, 너무 어두우면 잎의 간격이 넓어져 볼품이 없어진다.

온도

적정 온도 18-25℃

따뜻한 실내에서 잘 자란다. 적정 온도 범위에 두면 새잎이 잘 돋아나고 건강한 성장을 기대할 수 있다. 겨울철에는 휴지기에 들어가는데, 이때도 지속적인 생육을 원한다면 실내 온도를 10℃ 이상은 유지해 줘야 한다.

습도

70% 이상

건조하면 잎끝이 마르고 갈색으로 변한다. 건조할 때는 자주 분무해 주거나, 가습기를 활용한다. 다른 식물들과 함께 배치하여 주변 습도를 높여 주는 것도 좋은 방법이다.

물

흙이 마르면 듬뿍!

건조한 환경에 약하므로 물 마름에 주의해야 하지만, 흙이 촉촉한 상태에서 계속 물을 주면 뿌리가 썩을 수 있다. 위에서 물을 뿌려 주거나 저면관수를 병행하는 것이 좋다.

그밖에 인기 있는 종

1 **보스턴고사리**_ 깃털 모양의 밝은 연둣빛 잎이 사방으로 풍성하게 퍼지는 모습 때문에 인기가 많다. 갈라진 잎들의 가장자리에는 물결 모양의 주름이 있다.

2 **무늬보스턴고사리**_ 보스턴고사리의 품종으로, 라임빛 초록 무늬가 있다.

3 **더피고사리**_ 잎이 작고 부드러우며 잎맥을 따라 가지런히 배열되어 있다.

4 **하트펀고사리**_ 도톰하고 윤기 나는 하트 모양이다. 잎 가장자리와 까만 줄기에는 하얀 털이 듬성듬성 나 있다.

5 **피시테일고사리**_ 잎끝이 독특하게 물고기 꼬리 모양으로 갈라져 있다.

6 **아디안툼 라디아눔**_ 가볍고 부드러운 잎이 부채처럼 하늘하늘 퍼지는 모양새이다.

7 **프테리스고사리**_ 한 줄기에서 여러 잎이 겹쳐 자라며, 잎 중앙에 크림색 무늬가 있다. 우리나라에 자생하는 알록큰봉의꼬리이다.

8 **아지리고사리**_ 밝은 초록 바탕에 잎맥을 따라 눈꽃 같은 흰 무늬가 있다.

16

실처럼 엮인 촘촘한 직조

아스파라거스 세타케우스 '나누스'

Asparagus setaceus 'Nanus'

원종 기준 원산지 남아프리카 북부 열대 및 아열대 지역

속명 *Asparagus*는 그리스어 'asparagos(새싹)'에서 유래했다는 설과 'a(한 묶음)'와 'sparasso(가시 찌르다)'가 결합하여 만들어졌다는 설이 있다. 전자는 새싹을 먹는 식용 식물에서 온 것이고, 후자는 관상용 아스파라거스의 가늘고 뾰족한 가지 형태 때문에 생긴 가설이다. 종명 *setaceus*는 '실 같은'이라는 의미의 라틴어이다.

식용 아스파라거스와는 다른 관상용 아스파라거스의 한 종류이다. 가는 실처럼 가볍고 부드러운 질감을 가진 잎이 특징인데, 이 잎은 실제로는 잎처럼 보이는 잔가지들(cladod)이다.

줄기가 위로 자라면서 층층이 펴져 나가 풍성한 아치형의 아름다운 수형을 만든다. 언뜻 보면 작은 숲이나 안개처럼 느껴진다. 이 때문에 단독으로 놓아도 훌륭하지만, 다른 식물과 함께 배치하면 그들의 배경이 되어 주면서도 존재감을 잃지 않아 조화롭다. 벽걸이 형태로 연출하면 푸른 덩어리가 구름처럼 공중에 떠 있는 것 같은 환상적인 분위기를 연출한다.

재배 난이도가 낮다기에 기르게 되었는데, 시간이 지나자 무성하던 잎들이 점차 성글어지기 시작했다. 지금껏 버티고는 있지만 언제 꺼질지 모르는 생명 같아 불안하다. 여러 식물을 만나고 헤어지며 깨달은 것이 있다면, 식물과 인간 사이에도 인연이라는 게 있지 않을까 하는 것이다. 누군가에게는 기꺼이 마음을 열지만, 누군가에게는 끝내 닿지 않는 존재가 되는 것 같다.

이렇게 키워보세요

부드럽고 깃털 같은 '잎'은 사실 줄기가 변형된 가짜 잎이다. 이 가짜 잎의 기부에 있는 작은 비늘 모양의 조직이나 가시가 진짜 잎이다. 가짜 잎은 건조에 취약해서 물이 부족하면 갈색으로 변하기 쉬우니 신경을 쓰도록 한다. 간혹 흰색의 작은 꽃이 피고 검은 열매가 맺히기도 한다. 열매에 독성이 있을 수 있으니 반려동물이 씹지 않도록 주의한다. 생장기에는 한 달에 한 번 정도 희석한 액체 비료를 주는 게 좋다.

햇빛

은은한 간접적인 빛

너무 어두운 곳에서는 웃자라거나 잎의 색이 연해질 수 있다. 북향 또는 동향 창가나 커튼, 블라인드로 걸러진 햇빛이 좋다. 직사광선은 잎끝이 마르거나 누렇게 탈 수 있으니 조심한다.

온도

적정 온도 18-25℃

온화한 온도를 좋아하며 추위에 약하다. 10℃ 이하에서는 생장이 멈추므로 겨울엔 실내로 들인다. 여름철 30℃ 이상의 고온이 지속되면 잎과 뿌리의 호흡에 문제가 생긴다.

습도

40-70% 정도

보통의 실내 수준으로도 괜찮긴 하나 촉촉한 공기를 더 좋아한다. 주기적인 분무를 통해 공중 습도를 높여 주면 좋다. 습도가 낮으면 잎이 마르거나 떨어지는 현상이 나타날 수 있다.

물

겉흙이 완전히 마르면 듬뿍!

겉흙이 말라갈 때쯤 한 번씩 '건조와 습윤 사이'의 패턴으로 물을 준다. 봄과 여름에는 대략 4-6일마다, 가을과 겨울에는 7-14일마다 주면 적당하다. 배수성이 좋은 화분이 필수.

그밖에 인기 있는 종

1 **아스파라거스 메이리_** '여우꼬리아스파라거스'라고도 한다. 잎이 부드럽고 풍성한 깃털 같다.

2 **아스파라거스 미디오 클라두스_** 미니 소나무가 연상되는 외형이다. 잎이 매우 가늘고 부드럽다.

3 **아스파라거스 플루모수스_** 가느다란 줄기에서 깃털 같은 섬세한 잎이 위로 길게 자란다. 바람에 나부끼듯 가볍게 흔들리는 모습이다.

4 **아스파라거스 스프렝게리_** 반덩굴성으로 풍성하게 아래로 길게 늘어진다. 잎들 사이로 작은 하얀 꽃이 핀다.

17

새가 머문 자리

극락조화

Strelitzia reginae

원산지 남아프리카

속명 *Strelitzia*는 당시 영국 국왕 조지 3세의 왕비 샬럿(Charlotte of Mecklenburg-Strelitz)을 기리기 위해 붙여졌다. 종명 *reginae* 또한 '여왕의'라는 뜻을 가진 라틴어로, 속명과 마찬가지로 샬럿 왕비를 기념하기 위해 명명되었다.

특유의 크고 시원시원한 잎이 이국적인 분위기를 연출하는 데 효과적이다. 오렌지색과 보라색이 조화를 이룬 꽃이 극락조(極樂鳥)라는 새의 머리와 닮아서 '극락조화'라는 이름을 갖게 되었다. 편의상 '극락조'로 불리고 있으며, 영어권에서는 '천국의 새(Bird of Paradise)'라고 한다.

잎은 두껍고 단단하며 광택이 있고, 끝이 살짝 뾰족하면서 날렵한 느낌이다. 긴 잎자루 끝에 수직으로 솟은 잎이 극락조화 특유의 단정하고 세련된 분위기를 자아낸다.

극락조화 두 개체를 기르고 있다. 어느 날 잎맥을 따라 길게 찢어진 잎을 발견했을 때, 내 가슴은 더럭 내려앉았다. 손끝 하나도 허투루 댄 적 없는데 갑자기 무슨 일이 생긴 것일까, 걱정이 앞섰다. 자료를 찾아보니 이 식물의 잎은 본래 그렇게 태어난 것이었다. 타원형의 넓은 잎이 바람을 견디도록 스스로 갈라지는 구조를 지니고 있다는 설명이었다. 시간이 흐르면 잎은 조용히, 그러나 단호하게 자신을 찢어 스스로 보호하는 모양이다. 자연의 지혜는 때로 놀라움으로 다가오고, 그 놀라움은 다시 안도와 경이로 바뀐다.

이렇게 키워보세요

보통 3-5년 이상 자란 건강한 식물이어야 꽃을 피울 수 있다. 가정집에서는 꽃 피우기가 쉽지 않다. 뿌리가 꽉 찬 화분에서 안정적으로 자라야 꽃을 피운다. 실내에서 키우기에는 비교적 크기가 큰 식물이므로 잎, 줄기, 새순에 필요한 질소보다는 뿌리를 건강하게 하는 인산칼슘이나 꽃 피우는 데 도움을 주는 칼륨 성분이 풍부한 비료가 더 좋다.

햇빛

밝은 빛

하루 4-6시간 이상의 밝은 빛을 필요로 한다. 빛이 충분해야 튼튼한 줄기를 만들고 꽃을 피울 수 있다. 남향이나 동향 창가의 가장 밝은 곳이 좋다. 직사광선도 비교적 잘 견디는 편이긴 하나, 한여름의 강한 직사광은 피하는 것이 좋다.

온도

적정 온도 18-25℃

적정 온도 범위에서 키우면 잎이 크게 자란다. 겨울철 최저 온도는 10-13℃ 이상이며 10℃ 이하에서는 냉해를 입을 수 있다. 잎이 밝은색으로 변하거나 갈색 또는 검은색으로 변하면 저온 피해 현상이다.

습도

60-70% 정도

실내가 너무 건조하면 잎끝부터 갈라지거나 찢어질 수 있다. 특히 겨울철 난방은 잎을 건조하게 만들므로 가습기를 사용하거나 분무해 주면 도움이 된다. 단, 꽃에는 직접 분무하지 않는 것이 좋다.

물

겉흙이 마르면 듬뿍!

봄부터 가을까지는 물을 자주 주어 흙을 촉촉하게 유지하되, 물이 고여 있지 않도록 한다. 휴면기인 겨울에는 성장이 느려지므로 물 주는 횟수를 줄여 흙 속을 완전히 말린 후 소량만 준다. 겨울 난방으로 공기가 건조하다 해도 흙은 축축할 수 있으니 물 주기는 흙을 기준으로 판단한다.

새의 부리처럼 뻗은 포엽과 깃털 같은 꽃잎

긴 잎자루 끝에 수직으로 솟은 잎

조금 더 들여다보기

극락조화는 태양새(Sunbird)에 의해 수분되는 '조매화(鳥媒花)'로, 새가 수분하기에 적합하도록 꽃의 형태와 구조가 진화했다.

- **태양새의 도움**_ 이 식물의 꽃이 화려한 색상을 띠는 이유는 태양새라는 특수한 새를 유인하기 위함이다. 벌이나 나비를 이용하여 번식하는 여타의 식물과는 다른 방식이라 흥미롭다. 벌새와 비슷하게 생긴 태양새의 수컷은 깃털이 매우 화려하다. 번식기가 되면 노란색, 파란색, 자주색, 녹색 등 무지갯빛 금속성 광택이 나는 색을 띤다. 이 모양이 태양의 빛을 반사하는 듯한 인상을 주어 '태양새'라는 이름이 붙었다.
- **끈끈한 꽃가루**_ 극락조화의 꽃에는 실 같은 구조(사상체) 속에 끈적거리는 꽃가루가 붙어 있다. 새가 꿀을 빨기 위해 꽃에 앉으면 꽃가루가 든 이 실이 새의 가슴이나 복부에 달라붙게 된다. 수분은 새가 다른 꽃으로 이동하면서 꽃가루를 옮겨 주는 방식으로 이루어진다.

Part 2

식물이 더 좋아질 때

네가 보내는 신호

환경 적응력은 있으나 주의가 필요한 식물

1

잎 하나면 충분하다

필로덴드론 '플로리다'

Philodendron squamiferum × pedatum

원종 기준 원산지 중앙아메리카와 남아메리카 열대 우림 지역

속명 *Philodendron*은 고대 그리스어 'philo(사랑하다)'와 'dendron(나무)'의 합성어로 '나무를 사랑하는'이라는 의미를 담고 있다. 이는 필로덴드론속 식물들이 나무를 타고 오르며 자라는 특징에서 유래했다. '플로리다'는 미국 플로리다 지역을 가리킨다.

플로리다 고스트, 플로리다 뷰티, 플로리다 그린 등 다양한 변종이 있다. 특히 희귀종인 플로리다 뷰티 바리에가툼은 흰색과 크림색 무늬의 잎을 가지고 있어 고급스러운 느낌이다. 변종에 따라 다양한 관상미가 있다 보니 실내 식물로 인기가 높다. 깊고 불규칙하게 갈라진 잎은 다른 식물에서는 찾기 힘든 독보적인 모습을 보이고, 미묘한 광택이 신비로운 분위기를 더한다. 성장함에 따라 잎은 점차 길어지고 넓어지는데, 얼핏 거대한 날개처럼 보이기도 한다.
눈 자리가 살아 있는 가지 하나를 사며 이 식물과의 인연이 시작되었다. 집에 가져와서 빈 음료수병에 물을 채우고 한 달가량 두었더니 하얀 뿌리가 나왔다. 뿌리의 양이 충분해졌을 무렵 흙에 옮겨 심었고, 5개월여 후 하나였던 잎이 세 장으로 늘었다. 잎은 시간이 지나면서 더욱 드라마틱한 형태로 변했고 빠르게 성장했다.
아래로 늘어져도, 지지대를 타고 올라가도 그 나름으로 아름다운 식물이다. 나는 기분에 따라 내키는 대로 이리저리 형태를 바꿔가며 감상하는 중이다.

이렇게 키워보세요

넓은 잎으로 인해 증산작용이 활발하게 일어나 주변의 습도를 높이는 데 도움이 된다. 너무 길게 늘어지면 줄기를 잘라서 수형을 다듬어 준다. 가지치기한 줄기는 물꽂이 등으로 번식을 시도해 본다. 지지대를 세워 주면 공기뿌리가 지지대에 붙어 더욱 튼튼하게 자라고, 잎도 커지는 경향이 있다. 옥살산칼슘을 함유하고 있으므로 어린이가 있는 가정에서는 주의한다.

햇빛

밝고 간접적인 빛

창문에서 약간 떨어진 곳이나 햇빛이 직접 들어오지 않는 동향 혹은 북향 창가에 둔다. 빛이 부족하다고 여겨지면 식물 생장등을 보조적으로 사용한다. 하루 6시간 이상 밝은 환경을 유지하는 것이 좋다.

온도

적정 온도 18-29℃

적정 온도 범위에서 기르면 잎의 무늬가 선명하게 유지되고, 줄기와 잎이 건강하게 자란다. 겨울철 최저 온도는 15℃ 이상이며, 그 이하로 떨어지면 생장이 멈추고, 잎이 시들거나 떨어질 수 있다

습도

60% 이상의 높은 습도

습도가 낮으면 잎끝이 갈색으로 변하거나 마르는 현상이 나타난다. 하루에 한두 번 잎에 분무해 주는 것도 도움이 되며, 통풍이 잘되는 환경이 병충해 예방에 효과적이다. 겨울철 난방 시에는 가습기를 사용하면 효과적이다.

물

겉흙이 마르면 듬뿍!

2-3cm 깊이로 흙을 찔러 보아 마른 것을 확인한 후 물을 준다. 과습을 싫어하므로 물 빠짐이 좋은 흙을 사용한다. 흙은 상토2+펄라이트1+마사토1의 비율이 좋다. 받침의 물은 즉시 버려야 뿌리 썩음을 방지할 수 있다. 겨울에는 관수 간격을 2-3배로 늘린다.

그밖에 인기 있는 종

1 **필로덴드론 미칸**_ 탁한 노란 빛이 섞인 녹색 잎과 벨벳 질감이 어우러져 수수하면서도 우아하다.

2 **필로덴드론 멜라노크리숨**_ 어두운 녹색 잎에 벨벳 질감이 어우러져 차분한 느낌을 준다. 잎은 성장하면서 길쭉한 하트 모양이 된다. 잎맥이 뚜렷하고 줄기는 매끈한 편이다.

3 **필로덴드론 베루코숨**_ 벨벳 질감의 진한 녹색 바탕에 연둣빛 잎맥이 선명하다. 줄기에는 거친 털이 돋아나 있어 야생적인 느낌을 준다.

4 **필로덴드론 '베멜하'**_ 베루코숨과 멜라노크리숨의 교배종으로, 벨벳 질감에 뚜렷한 잎맥을 가지고 있다. 줄기에 털은 없지만 손을 대면 조금 거칠게 느껴진다.

2

고요한 존재감과 은밀한 향기

풍란

Neofinetia falcata

원산지 한국, 일본, 중국 남부 지역

속명 중 *Neo*-는 '새로운'이라는 뜻의 접두어이며 *Finetia*는 프랑스 식물학자 Achille Eugène Finet의 이름에서 유래한다. 종명 *falcata*는 라틴어 'falcatus(낫 모양의, 구부러진)'에서 나왔다. 풍란의 꿀주머니 모양이 마치 낫이나 칼날 같은 형태를 보여 이 이름이 붙었다. 한국명 '풍란'은 '바람(風)을 닮은 난초(蘭)'라는 뜻이다.

난초과에 속하는 상록성 여러해살이풀로 바위나 나무에 붙어 자라는 착생란이다. 대한민국의 멸종위기 야생생물 Ⅰ급으로 지정되어 있다. 잎이 좌우 교대로 붙어 있으며, 휘어진 활등 모양이다. 잎끝은 살짝 뾰족하지만 날카롭지는 않다. 뿌리는 굵고 은백색에 연둣빛을 띤다. 원예시장에 '소엽풍란'으로 나와 있는 것이 '풍란'이며, '대엽풍란'으로 유통되는 것은 '나도풍란'이다. 즉 소엽풍란과 대엽풍란은 유통명이다.

여름에 꽃이 피는데, 그 모양이 작은 학이 날개를 펴고 나는 듯한 형상이다. 서양란처럼 화려한 꽃을 피우지는 않지만, 특유의 아름다운 꽃과 은은한 향기, 고즈넉한 멋으로 동양란 애호가들 사이에서 큰 사랑을 받고 있다. 달콤한 향기가 낮에는 은은하게 퍼지다가 밤이 되면 더욱 진해지면서 주위를 감돈다. 옛 선비들이 아끼던 난초 중 하나로, 지금도 문인화나 시의 소재로 많이 등장한다. 희귀한 품종은 매우 고가에 거래되고 있다.

이렇게 키워보세요

자생지에서 다른 식물이나 바위에 붙어 자라므로 실내에서는 나무나 돌, 숯 등에 뿌리를 부착시켜 기르면 좋다. 특히 숯은 뿌리가 잘 붙을 뿐만 아니라, 냄새를 제거하는 역할도 한다. 고목 뿌리 등의 굵은 줄기를 잘라서 껍질 부분에 풍란의 뿌리를 붙이고 끈으로 감은 후 물을 주면, 나무에 붙으며 잘 자란다. 일반 화분에 키워도 상관없다. 뿌리가 공중에 노출되면 더 건강하게 자란다. 성장 속도는 느린 편이다.

햇빛

자연광의 30-60%가 차단된 반그늘

동향 창가의 오전 햇빛이 가장 좋다. 강한 직사광선은 잎을 타게 만들 수 있으니, 여름철에는 커튼 등을 이용해 햇빛을 걸러 주거나 그늘 아래 둔다. 빛이 부족하다면 식물 생장등으로 부족한 광량을 보충해 준다.

온도

적정 온도 20-28℃

10℃ 이하나 30℃ 이상에서는 휴면을 취하는 식물이다. 약간의 저온(5-10℃)을 경험하면 꽃눈 형성에 도움이 될 수 있으나 5℃ 이하로는 내려가지 않도록 관리한다.

습도

여름철 80-90%, 겨울철 50% 정도

화분 주변에 물그릇을 두거나 가습기를 사용하여 공중 습도를 높여 준다. 잎에 자주 분무해 주면 좋다. 충분한 통풍이 필수적이므로 자주 환기해 주거나 선풍기를 약하게 틀어 준다.

물

식재가 마르면 충분히

풍란의 물 주기 방식은 일반 화분 식물과 다르다. 뿌리가 노출되어 있어 건조에 더 취약하다. 여름철에는 매일 또는 이틀에 한 번, 겨울철에는 3-5일에 한 번 정도가 적당하다.

고목에 착생한 대엽풍란(나도풍란)

공중에 노출된 소엽풍란의 연회색 뿌리

풍란의 또다른 품종에서 핀 꽃

물이끼로 뿌리를 감싸 심으면 좋다.

조금 더 들여다보기

과거에 풍란은 대흑산도, 홍도, 보길도, 가거도, 제주도 등지에서 자생했다. 그러나 오랜 기간 관찰 기록이 거의 없는 것으로 보아 자생의 소실이 추정되고 있다.

- **멸종 위기의 이유_** 야생에서 씨앗 발아가 어렵고 자연 번식이 힘든 특성을 지닌 데다 설상가상으로 관상용으로 불법 채취가 이어지게 되자 자생지가 거의 사라지게 되었다.
- **암벽 위 생존 비결_** 풍란의 뿌리 껍질은 스펀지처럼 수분을 흡수, 저장하는 구조라 험한 암벽에서도 오랜 기간 살아 남을 수 있었다.
- **역사 속의 풍란_** 조선시대에는 풍란을 키우는 것이 선비들의 고상한 취미생활이었다. 당시에는 난초가 군자의 기품을 상징했는데, 특히 풍란은 더 귀하게 여겼다고 전해진다. 은은하고 고급스러운 향기도 이에 한몫 했을 것으로 짐작된다.

3

잎맥으로 기억되는

안스리움 클라리네르비움

Anthurium clarinervium

원산지 멕시코 남부 지역

속명 *Anthurium*은 그리스어 'antos(꽃)'와 'oura(꼬리)'에서 유래했다. 이는 안스리움 꽃의 형태 즉 길쭉한 꽃차례가 마치 꼬리처럼 생겼다고 하여 붙여진 이름이다. 종명 *clarinervium*은 라틴어 'clarus(명확한)'와 'nervium(잎맥)'의 합성어로, '명확한 잎맥을 가진'이라는 뜻이다.

가장 눈에 띄는 특징은 단연코 '선명한 잎맥'이다. 짙은 초록색 잎 위에 뚜렷하게 그려진 흰색 또는 은색의 잎맥은, 마치 어두운 숲속에 숨겨진 보석처럼 눈길을 사로잡는다. 잎맥은 잎 전체에 영양분과 수분을 효율적으로 전달하는 혈관 역할을 한다. 잎은 빛을 받으면 은은하게 반짝이는데, 이 벨벳 질감은 그 모습도 훌륭하거니와 증산 억제 기능에다 빛을 효율적으로 이용하여 해충과 병에 대한 방어 역할도 함께 한다고 알려져 있다.

독특한 잎 패턴은 특히 숲속에서 자신을 돋보이게 하는 동시에 포식자에게는 경계심을 불러일으키게 만든다. 실제로 안스리움속 식물들은 옥살산칼슘 결정체를 포함하고 있는데, 이 독성은 열대우림의 치열한 생존 환경 속에서 자신을 보호하려는 하나의 전략으로 작용한다.

내게 상당히 유혹적으로 다가왔던 식물이지만 키우는 데는 끝내 실패했다. 자신감을 상실하여 지금은 도전을 멈춘 상태이다. 그러나 아직도 미련을 버리지 못하고 있다. 어쩌면 나의 실패는 후일 더 잘 키우기 위한 실험의 일부였던 것일까.

이렇게 키워보세요

벨벳 질감 때문에 먼지가 잘 쌓이는 식물이다. 마른 붓이나 부드러운 천을 이용해 수시로 닦아 준다. 깍지벌레, 응애 등 해충에 민감하므로 잎 뒷면을 정기적으로 확인한다. 물을 줄 때는 잎에 직접 닿지 않도록 주의한다. 잎에 물이 고이면 곰팡이가 생길 수 있다. 일산화탄소와 암모니아 가스를 제거하는 능력이 뛰어나다. 기르는 중 변색한 잎이 생기면 바싹 잘라 준다.

햇빛

은은한 빛

직사광선은 잎을 태울 수 있으니 피해야 한다. 커튼 등을 통해 걸러진 부드러운 햇빛이 드는 곳이 적합하다. 그러나 빛이 또 너무 약하면 잎이 노랗게 뜨거나 과습의 위험이 있다. 잎이 한 방향으로 치우치는 것을 방지하기 위해 가끔 화분을 돌려 준다.

온도

적정 온도 18-26℃

적정 온도가 유지되어야 잎의 벨벳 질감과 하얀 잎맥이 선명하게 유지되고 건강하게 성장한다. 겨울철 최저 온도는 15℃ 이상이며 그 이하로 떨어지면 잎끝이 마르거나 성장이 멈출 수 있다. 냉해를 입으면 잎의 색이 변하고 축 늘어진다.

습도

60% 이상

습도가 낮으면 잎끝이 마르거나 새순이 상할 수 있다. 미니 온실에서 키우는 것이 가장 좋은 방법이나 여의찮다면 자주 분무해 준다. 잎 샤워도 좋고 물 쟁반을 곁에 둬도 효과적이다. 에어컨이나 히터 등에서 멀리 둔다.

물

겉흙이 마르거나 잎이 살짝 처질 때 듬뿍!

나무젓가락을 화분 3분의 1 지점까지 찔러 넣었다가 뺐을 때, 흙이 묻어나지 않고 뽀송한 느낌이 들 때가 적기이다. 물을 줄 때는 충분히 주고, 완전히 마르기를 기다렸다가 다시 줘야 뿌리가 건강하게 유지된다.

그밖에 인기 있는 종

1 **안스리움 안드레아눔**_ 광택이 나는 두툼한 꽃잎과 기다란 꽃차례가 특징이다. 꽃잎은 주로 붉은색이며, 분홍색과 드물게 하얀색도 있다.

2 **안스리움 크리스탈리눔**_ 대칭 구조 문양의 독특한 은빛 잎맥이 돋보인다. 우아하고 고급스럽다.

3 **안스리움 '브론즈'**_ 구릿빛 잎 색이 독특한 품종으로, 빛의 각도에 따라 은은하게 금속성 광택을 띤다.

4 **안스리움 '핑크 후커리'**_ 넓고 두툼한 잎에 불규칙한 핑크색 무늬가 들어가 있어 화려한 인상을 준다. 어떤 잎은 핑크가 거의 없고, 어떤 잎은 선명하게 나타나기도 한다. 성체가 되면 열매가 맺히는데, 수년이 걸린다.

4

잎, 시간의 얼굴

황칠나무

Dendropanax trifidus

원산지 한국, 일본, 타이완 등을 포함하는 동아시아 일부 지역

속명 *Dendropanax*는 그리스어 'dendron(나무)'과 'Panax(인삼의 속명, '만병통치약'이라는 뜻)'의 합성어이다. 황칠나무가 나무의 형태를 가지면서도 인삼과 같은 약효가 있다는 의미를 담고 있다. 종명 *trifidus*는 '세 갈래로 갈라진'이라는 뜻을 가지며, 잎 모양의 특징을 반영하고 있다.

오래도록 '*Dendropanax morbiferus*'라는 이름과 함께 한국의 고유종으로 알려져 왔다. 그러나 최근 국제 분류 체계에서는 이 나무를 '*Dendropanax trifidus*'로 통합하였으며 한국뿐 아니라 일본, 타이완까지 분포되고 있는 것으로 보고 있다.

줄기 끝부분에 잎이 모여 있어 둥근 수형을 이룬다. 멀리서 보면 마치 막대기 위에 솜사탕이나 작은 구름이 떠 있는 듯한 모습이다.

황칠나무 잎은 나무의 나이에 따라 모양이 크게 달라진다. 어린잎은 3-5갈래로 깊게 갈라져 마치 단풍나무 잎처럼 보이는데, 이 모양이 기이하고 독특하여 관상 가치를 높여 준다. 줄기는 회갈색이고 나무껍질은 매끄러운 편이며, 나무껍질에 상처를 내면 노란색의 점액이 흐른다. 이 액체는 최고급 도료인 황칠(黃漆)의 원료로 쓰인다.

어린 황칠나무를 키운 적이 있다. 가는 줄기 맨 위쪽으로 손바닥처럼 생긴 잎사귀들이 오순도순 모여 있었다. 건강하게 자라라고 햇빛 잘 드는 창가에 두었더니 잎이 타버리는 통에 놀랐던 적이 있다.

이렇게 키워보세요

성장 속도가 느린 편이며, 적절한 영양 공급이 필요한 식물이다. 외목대 형태로 키우면 밑동이 깔끔하게 드러나 시선이 자연스럽게 위로 향하면서 아래쪽 공간을 비워 주기 때문에 실내가 넓어 보이는 효과가 있다. 어떤 화분과 매치하느냐에 따라 다양한 인테리어 효과를 낼 수 있다. 어린 나무는 해충에 취약하므로 수시로 살펴 본다.

햇빛

밝은 그늘 또는 반그늘

오전의 부드러운 햇빛이 잘 드는 동향 창가 혹은 강한 빛을 걸러 주는 커튼이나 블라인드 뒤쪽이 좋다. 어릴 때는 그늘을 견디는 힘이 강해 반그늘에서 잘 자라지만, 성장하면서 점차 양지식물로 변해 가므로 충분한 빛을 제공하는 것이 좋다.

온도

적정 온도 18-28℃

따뜻하고 습한 기후를 선호한다. 추위에 약한 난대성 식물이므로, 실내에서 키울 경우 최저 10℃ 이상을 유지해야 냉해를 입지 않고 안전하게 겨울을 날 수 있다.

습도

40-70% 정도

높은 습도를 좋아한다. 잎끝이 마르거나 갈색으로 변하면 건조한 환경에 처한 것이므로 가습기를 틀거나 물그릇을 두어 주변 습도를 높여 준다.

물

겉흙이 마르면 듬뿍!

흙속까지 마른 것을 확인한 후 물을 주어야 뿌리가 썩지 않는다. 봄여름에는 비교적 자주 주고, 가을과 겨울에는 흙의 마름이 더뎌지므로 물 주는 횟수를 줄인다. 화분을 들어 보아 무게가 가벼워졌을 때 주는 것도 좋은 방법이다.

줄기 끝부분에 모여나는 잎

오리발 모양으로 갈라진 어린잎

매끄러운 회갈색 줄기

조금 더 들여다 보기

- **백제와 삼국시대의 보물_** 황칠의 사용은 삼국시대까지 거슬러 올라간다. 특히 백제는 황칠을 한 갑옷인 금휴개(金髹鎧)를 당나라에 조공품으로 바쳤다는 기록이 《삼국사기》에 남아 있다.
- **부와 권력의 상징_** 나무, 금속, 가죽 등 다양한 재질에 칠해져 황금빛 광택을 부여했기에 예로부터 부와 권력을 상징하는 최고급 도료로 사용되었으며, 주로 왕실에서만 제한적으로 활용되었다.
- **불로초 설_** 조선 후기 실학자 이익은 《성호사설》을 통해 불로장생을 꿈꾸던 진시황이 찾던 동방의 불로초가 바로 제주의 황칠나무였을 것으로 추정할 만큼 그 가치를 높게 평가했다.
- **전통 공예_** 황칠 수액은 아름드리나무에서 1년에 작은 종지 하나 정도의 분량밖에 채취되지 않을 정도로 희소성이 높았다. 방충, 방수 효과가 뛰어나며, '옻칠 천 년, 황칠 만 년 간다'는 말이 전해질 정도로 내구성이 최고로 꼽혔다. 가야금, 거문고 같은 악기재와 귀중한 서류나 의복을 보관하는 가구재 등에 사용되었다.

5

소란하지 않은 화려함

칼라테아 오르비폴리아

Goeppertia orbifolia

원산지 볼리비아

속명 *Goeppertia*는 독일의 식물학자이자 고생물학자인 하인리히 괴페르트를 기리기 위해 명명되었으며, 종명 *orbifolia*는 라틴어 'orbis(원 또는 구)'와 'folium(잎)'의 합성어. 따라서 '둥근 잎을 가진 괴페르트의 식물'이라는 의미이다. 현재 공식적으로 '괴페르티아 오르비폴리아'로 분류되지만, 여전히 '칼라테아 오르비폴리아'라는 이름으로 유통된다.

둥글고 넓은 잎이 특징적이며, 잎 하나하나가 부드러운 곡선을 그리고 있다. 밝은 은녹색 바탕에 진한 녹색 줄무늬가 규칙적으로 퍼져 있어 고급스러운 분위기를 연출한다. 잎 뒷면은 연한 녹색을 띠며, 앞면과는 달리 단색이다.

낮에는 잎을 펼쳐 햇빛을 흡수하고, 밤이 되면 잎을 오므리는 독특한 움직임을 보여 '기도하는 식물(Prayer Plant)'로 불리기도 하는데, 이와 같은 동작을 하는 식물은 다양하게 존재한다. 대표적으로 칼라테아속, 마란타속, 괴페르티아속 등이 이에 해당한다. 이 식물들이 밤에 잎을 오므리는 이유는 잎 표면적을 줄여 수분 손실을 막기 위함이다.

기르기에 까다롭고 예민한 식물이라고 알려져 있어 선뜻 기를 자신이 없었다. 그러나 식물가게에서 실제 모습을 본 순간 망설임은 온데간데없이 사라졌다. 몽환적이면서도 고상한 아름다움을 품고 있는 이 식물을 두고서 떠날 수는 없었다. 결과에 상관없이, 다만 몇 달이라도 좋으니 곁에 두고 싶었다. 이렇게 이 식물은 또 하나의 내 가족이 되었다.

이렇게 키워보세요

섬세한 관리가 필요한 식물이다. 시들거나 죽은 잎은 줄기 아랫부분에서 제거해 주어 새잎이 잘 자라도록 유도한다. 잎이 너무 겹치면 통풍에 문제가 생길 수 있으므로 적절히 정리해 준다. 잎이 말리거나 갈변하는 현상은 낮은 습도 또는 염소나 불소가 포함된 수돗물이 원인일 수 있다. 공기 정화 능력이 있는 것으로 알려져 있다.

햇빛

반음지

대표적인 실내 반음지 식물이다. 빛이 너무 약하면 무늬가 흐려지고, 반대로 지나치게 강하면 잎이 타거나 무늬가 바래질 수 있다. 동향이나 북향 창가에 두는 것이 좋다.

온도

적정 온도 18-24℃

적정 온도 범위에서 키우면 잎의 무늬가 선명하게 유지된다. 여름철에는 29-30℃까지도 견딜 수 있지만, 이때는 통풍이 잘되는 환경에서 관리해야 잎 마름을 방지할 수 있다. 겨울철엔 최저 온도 15℃ 이하로 내려가지 않도록 주의한다. 온도가 낮으면 잎이 처지거나 안쪽으로 말린다.

습도

50-70% 정도

공중 습도가 높을수록 좋다. 가습기, 잦은 분무 등으로 습도를 유지해 준다. 분무할 때는 물방울이 잎에 오래 고이지 않게 주의한다. 자갈 접시를 주변에 놓아 주면 효과적이다.

물

겉흙이 마르면 듬뿍!

물 관리가 중요한 식물이다. 물을 줄 때 잎에 직접 물이 닿지 않도록 주의하고, 화분 받침에 물이 고이지 않도록 한다. 겨울철에는 하루 정도 받아 둔 물을 사용한다. 빗물도 좋다.

그밖에 인기 있는 종

1 **칼라테아 오르나타**_ 진한 초록 바탕에 손으로 그린 듯한 연분홍 줄무늬가 돋보인다. 잎 뒷면은 진한 자줏빛의 단색이다.

2 **칼라테아 비타타**_ 연두색 줄무늬가 두 줄씩 일정하게 정렬되어 있다.

3 **칼라테아 인시그니스**_ 크고 작은 타원형으로 구성된 검은 무늬가 눈에 띈다. 밤에 잎을 접는 습성으로 '부부초'라 불린다.

4 **칼라테아 로제오픽타 '일러스트러스'**_ 진녹색과 연녹색의 테두리 라인이 독특하다. 잎맥과 잎사귀에 듬성듬성 섞인 진한 자줏빛은 단색으로 깔린 잎 뒷면의 색감과 같다. 개체마다 색감과 무늬가 달라 희소성이 높다.

5 **칼라테아 마코야나**_ 잎 무늬가 공작새 깃털과 닮아 '공작칼라테아'라고도 불린다. 테두리와 연결된 연둣빛 바탕 라인은 촘촘히 직조된 섬유와 같다.

6 **칼라테아 '화이트스타'**_ 가지런한 흰색 줄무늬와 그 위를 덧칠한 듯한 연분홍빛이 어우러져 소박한 멋을 풍긴다.

6

날 선 아름다움

디지고테카

Plerandra elegantissima

원산지 뉴칼레도니아 및 폴리네시아 등 태평양 섬 지역

속명 *Plerandra*는 그리스어 'plerēs(가득 찬)'와 'andros(수술)'의 합성어로, 수술의 수가 많다는 특징을 나타낸다. 종명 *elegantissima*는 '가장 우아한'이라는 뜻이며, 라틴어이다. 이 종명은 식물의 잎 모양과 전체적인 수형이 매우 아름답고 세련된 모습임을 나타낸다. 잎이 가늘고 길게 갈라지는 특징으로 인해 영어권에서는 '손가락 아랄리아'로 불리기도 한다.

외형이 고급스럽고 세련되어 실내 식물로 큰 사랑을 받고 있다. 아라리아, 아랄리아 등 다양한 이름으로도 유통되고 있다.

어린 시기에는 가늘고 섬세하면서 깊게 갈라진 잎을 보여 주다가 성숙함에 따라 폭이 넓어지고 갈라짐이 덜해진다. 청록색 또는 연한 녹색 잎은 성장하면서 점차 진한 녹색 또는 암녹색으로 변한다. 대부분 7-9개로 갈라진 잎을 가지며, 일부 품종은 5개 또는 11개까지 갈라지기도 한다. 손바닥 모양으로 펼쳐지며, 각 갈래는 길고 뾰족한 타원형 또는 물결 모양을 띤다.

줄기는 대체로 곧게 위로 뻗으며 시간이 지나면서 목질화되어 단단한 나무처럼 변한다. 빽빽하게 모여나기보다는 줄기를 따라 적당한 간격으로 펼쳐진 잎은 여백의 미를 드러내며, 가지 또한 옆으로 벌어지기보다 위로 길게 자라는 경향이 있어 수직적인 아름다움이 있다.

톱니 모양의 섬세한 잎도 눈길을 사로잡았지만, 빈티지한 색상에 매료되어 한참을 바라보았던 적이 있다.

이렇게 키워보세요

섬세하게 생긴 외모와는 달리 실내 환경에 비교적 잘 적응하는 편이나 결코 쉬운 식물은 아니다. 관리 난이도는 중간 정도에 속하고, 느리게 성장한다. 잎이 아래로 처지거나 무거워 보인다면 지지대를 설치해서 균형을 잡아 주는 것도 좋다. 성장기에는 한 달에 한 번 정도 비료를 주면 좋다. 겨울에는 줄 필요 없다. 뿌리가 좁은 공간을 비교적 선호하므로 분갈이는 자주 하지 않는다. 뿌리가 화분을 가득 채웠거나, 흙이 물을 잘 흡수하지 못하고 흘러내리는 등 꼭 필요한 경우에만 분갈이해 준다. 보통 2-3년에 한 번이 적당하다.

햇빛

밝고 간접적인 빛

빛이 부족하면 잎이 가늘어지거나 축 처지고 새로운 잎이 잘 나오지 않을 수 있다. 북향 또는 동향 창가가 적합하다.

온도

적정 온도 18-25℃

최저 13℃ 이하로 내려가지 않도록 해야 한다. 급격한 온도 변화나 10℃ 이하의 저온에 장시간 노출되면 잎이 우수수 떨어질 수 있다. 겨울철에는 창가나 현관문 등 외풍이 있는 곳은 피한다.

습도

40-70% 정도

높은 공중 습도를 좋아하지만, 토양 과습에는 약하다. 건조한 환경에 노출되면 잎을 쉽게 떨구는 특징이 있으니 습도 관리에 신경 쓴다. 건조할 때는 분무해 주거나 화분 받침에 자갈을 깔고 물을 채워 간접적으로 습도를 높여 준다.

물

겉흙이 충분히 말랐을 때 듬뿍!

손가락으로 흙을 만져 봐서 말랐는지 확인하는 것이 가장 정확하다. 겨울철에는 생장이 느려서 흙 마르는 속도도 더디므로 이 시기에는 물 주는 횟수를 줄인다. 수돗물을 사용할 경우, 미리 받아 놓고 염소 성분을 날려 보낸 후 사용한다.

9개로 갈라진 잎. 빛의 양이 적으면 갈래 수가 줄어든다.

톱니 모양의 암녹색 잎. 단단하고 매트한 질감이다.

잎 사이의 간격이 줄기를 따라 적당한 간격으로 벌어져 있다.

더욱 잘 키우기

- **자리 이동 금지_** 특히 자리 바뀜에 민감하다. 다른 식물들이 잎을 몇 장 떨구는 수준이라면, 디지고테카는 잎 전체를 한꺼번에 떨어뜨리는 일도 있다. 급격한 온도 변화, 햇빛의 양의 변화, 심지어 화분을 돌리는 사소한 변화에도 민감하게 반응하여 잎을 떨어뜨릴 수 있다. 그렇다고 죽는 것은 아니며, 새로운 환경에 적응하기 위한 반응이다. 에너지를 보존하고 새로운 환경에 적합한 잎을 다시 만들어내려는 시도라고 보면 된다.
- **병해충 관리에 유의_** 건조한 환경에서 응애에 취약하다. 잎이 가늘다 보니 그 사이사이에 응애가 숨기 쉽고, 발견 또한 어려워 피해가 빠르게 퍼질 수 있다. 잎이 희미하게 변색하거나 작은 반점이 발견된다면 응애가 생긴 것이다. 더욱 심해지면 잎 뒷면에 미세한 거미줄도 보인다. 응애를 예방하기 위해서는 높은 습도 유지와 함께 주기적으로 잎을 닦아 주거나 잎 샤워를 해 준다. 샤워기 수압은 너무 세지 않게 하고, 응애 은신처인 잎 뒷면을 특히 집중하여 세척한다. 그래도 안심이 안되면 친환경 살충제를 사용해 방제한다.

7

하얀 잎이 남긴 자리

싱고니움 '알보'

Syngonium podophyllum 'Albo-Variegatum'

원종 기준 원산지 멕시코 및 중남미 열대 지역

속명 *Syngonium*은 그리스어 'syn(함께)'과 'gon(e)(씨앗)'의 합성어이다. 종명 *podophyllum*은 'podus(발)'와 'phyllon(잎)'의 합성어이며, 어린잎이 새의 발가락 모양처럼 갈라지는 데서 유래했다.

싱고니움 포도필룸 '알보 바리에가툼'이 정식 명칭이다. 싱고니움 '알보' 혹은 '무늬싱고니움'이란 이름으로 유통되는 이 식물은 싱고니움 포도필룸에서 나온 원예품종이다. 초록색 잎에 불규칙하게 나타나는 하얀색 무늬가 특징이며, 무늬의 패턴이 개체마다 달라 어떤 잎은 흰색이 많이 섞이고, 어떤 잎은 녹색이 더 많다. 하얀 무늬가 많을수록 광합성 효율이 낮아져 성장이 느릴 수 있다. 어린 시기에는 직립으로 자라다가 성숙해지면서 덩굴성으로 변한다. 야생에서는 줄기에 있는 공기뿌리를 이용해 주변 나무나 바위 표면에 달라붙어 위로 올라간다. 이는 햇빛을 더 많이 받기 위한 생존 전략이다. 엽록소가 적은 식물이므로 빛 관리가 핵심이다. 실내에서는 지지대를 세워주면 타고 오르며 자란다.

화살촉 모양의 뾰족한 잎에 흥미를 느껴 키우기 시작했다. 공간을 밝고 세련되게 만들어 자주 내 눈길을 붙잡는 식물이다. 내가 기르고 있는 개체들은 관리 미숙 탓인지 웃자란 상태에 있다. 잎이 풍성해지지도 않고 키만 훌쩍 큰 모양새여도 태생 자체가 아름다워서인지 그 모습조차 마냥 어여쁘다.

이렇게 키워보세요

초록 잎만 있는 줄기를 잘라 주면, 무늬 잎이 달린 줄기로 에너지가 집중되어 더 많은 무늬 잎을 볼 수 있다. 뿌리 활착이 빠른 편이다. 분갈이는 1-2년에 한 번, 봄철에 해 주는 것이 좋다. 옥살산칼슘을 함유하고 있으므로 반려동물이나 아이가 있는 가정은 주의가 필요하다.

햇빛

반양지

창문 바로 앞은 햇빛이 너무 강해 하얀 무늬를 태울 수 있다. 창가에서 1-2m 떨어진 간접적인 빛이 좋다. 1-2주에 한 번씩 화분을 180도 돌려 준다. 모든 잎이 골고루 빛을 받아야 무늬가 선명하게 유지된다.

온도

적정 온도 18-27℃

따뜻한 환경을 좋아한다. 건강하게 겨울을 잘 나게 하려면 실내 온도를 15℃ 이상으로 유지하는 것이 좋다. 창문을 열어 환기할 때 찬 바람을 직접 맞지 않도록 주의한다.

습도

50-60% 이상

고온다습한 환경을 선호한다. 공기뿌리가 마르면 습도가 부족하다는 신호일 수 있다. 습도 부족이 감지되면 가습기를 활용하거나 잎 주변에 분무하면 효과적이다. 다만 하얀 무늬 부분에 직접 분무하면 잎이 상할 수 있으므로 주의한다.

물

겉흙이 마르면 듬뿍!

주 1-2회가 적당하다. 무늬가 많은 잎은 물을 더 빨리 소모하는 경향이 있으니 관수 시기를 놓치지 않도록 한다. 물 부족으로 인해 잎이 축 늘어지면 회복이 어려울 수 있다. 잎 끝이 갈변하면 건조 때문이거나 수질 문제일 수 있고, 노랗게 변하면 과습일 수 있다.

그밖에 인기 있는 종

1 **싱고니움 '밀크컨페티'**_ 우윳빛이 도는 연두색 바탕에 다양한 크기와 모양의 핑크 점박이 무늬가 펴져 있다. 테두리를 두른 선과 잎맥이 정교하게 이어져 있는데, 이는 싱고니움속에서 흔히 볼 수 있는 모습이다.

2 **싱고니움 '실버홀릭'**_ 맑은 민트색 바탕에 은은한 실버 톤이 섞여 있어 청량한 느낌을 준다.

3 **핑크 싱고니움**_ 잎마다 여러 톤의 분홍빛이 섞여 있어 다채로운 재미를 준다. 인기 있는 품종이다.

4 **싱고니움 '화이트 버터플라이'**_ 진한 녹색의 오돌토돌한 테두리와 불규칙하게 형성된 잎맥이 특징이다.

8

고요히 솟는 중

용신목선인장

Myrtillocactus geometrizans

원산지 멕시코 중부 및 남부 지역

속명 *Myrtillocactus*는 그리스어 'Myrtillus(블루베리)'와 'Cactus(선인장)'의 합성어. 이 식물의 열매가 작은 크기에 검붉은색을 띤 블루베리와 비슷해서 붙여졌다. 종명 *geometrizans*는 '기하학적인'이라는 뜻의 라틴어에서 유래했다. 곧고 뚜렷한 줄기의 능선이 마치 기하학적인 모양 같다고 해서 명명되었다.

줄기 전체가 청록색을 띠며, 햇빛을 충분히 받을수록 색감이 더욱 선명해진다. 어린 개체는 단일 기둥 형태이지만, 성장하면서 가지가 양쪽으로 갈라져 양팔을 들어 올린 듯한 독특한 형태로 자란다. 이 때문에 '만세선인장', '양팔선인장'으로 불리기도 한다.

줄기 표면은 얇은 백분(白粉)으로 덮여 있다. 이것은 햇빛을 반사하고 수분 증발을 막아 건조한 환경에 적응하는 데 도움을 준다.

'용신목'이라는 이름은 성체가 된 이 식물의 크고 웅장한 특징을 좀 더 강조한 것이다. 한자로 '용 용(龍)', '귀신 신(神)', '나무 목(木)'을 사용하는데, '용이 승천하는 듯한 신성한 나무'라는 뜻으로 해석되고 있다.

선인장과 식물의 고유한 특징인 솜털 같은 '가시 자리'가 능선을 따라 규칙적으로 배열되어 있으며, 그곳에서 짧고 뭉툭한 가시가 돋아난다. 가시는 동물의 접근을 막는 역할과 함께 수분 보존, 온도 조절의 기능도 수행한다. 즉 건조한 환경에서 수분과 생장 조직을 지키기 위해 발달한 생존의 흔적이다.

이렇게 키워보세요

잘만 키우면 밤에 하얗고 작은 꽃이 피며, 식용이 가능한 작은 과일이 열린다. 배수가 잘되는 선인장용 흙을 사용한다. 모래2+흙2+펄라이트1의 비율이 좋다. 화분 바닥에 자갈을 깔아 배수성을 높여 준다. 화분은 선인장 몸체보다 너무 크지 않게 선택하는 것이 좋다. 화분이 커질수록 물 주는 주기는 더 길게 잡아야 한다. 용신목선인장의 가장 큰 적은 과습이다.

햇빛

직사광선

빛이 잘 드는 양지에 두어야 건강하게 자라고 웃자람을 방지할 수 있다. 하루 6시간 이상 밝은 빛을 받을 수 있는 남향 또는 서향 창가가 좋다. 충분한 햇빛을 받아야 줄기가 단단해지고 색이 예쁘게 유지된다. 단, 여름철 폭염에는 그늘을 제공해 준다.

온도

적정 온도 20-30℃

최대 38℃까지 견딜 수는 있으나, 여름철 직사광선 아래에서는 줄기가 손상될 수 있으니 주의한다. 겨울철에 10℃ 이하로 내려가면 성장이 멈춘다. 이때엔 물 주기를 줄이거나 중단해야 뿌리 썩음을 예방할 수 있다.

습도

40% 이하가 적당

낮은 습도를 좋아한다. 일반적인 실내 습도에서는 무난히 잘 자라지만, 장마철에는 서큘레이터로 공기 순환을 도와주는 것이 좋다. 습도가 높으면 줄기가 연약해지고 병해충 발생 가능성도 커진다.

물

겉흙이 완전히 말랐을 때

봄여름에는 2주에 한 번 정도, 겨울에는 3-4주 간격으로 준다. 겨울철 휴면기에는 거의 주지 않는다. 물을 줄 때는 화분 밑 배수구로 물이 충분히 빠져 나오도록 흠뻑 주되, 물받침의 물은 바로 비워 과습을 방지한다.

백분으로 덮인 줄기 표면

솜털 같은 가시 자리

줄기 맨 위에 있는 생장점

건강한 개체 고르는 체크 포인트

- **접목 여부 확인_** 용신목선인장을 포함한 일부 선인장은 이따금 다른 개체의 뿌리에 접목된 상태로 유통되기도 한다. 접목된 개체는 아래쪽에 있는 굵은 뿌리줄기(대목)와 위쪽에 있는 줄기(접수)가 이어진 가로선(접목부)이 보인다. 접목된 개체는 초기 생장은 빠르지만, 대목과 접수의 수명이 각기 달라서 오래 키우기에는 불안정할 수 있다. 접목선이 없는 개체를 선택하는 것이 좋다.
- **줄기 상태 확인_** 줄기가 가늘고 연약한 상태에서 위로만 길게 뻗어 있거나, 한쪽으로 비스듬히 기울어져 있으면 선택하지 않는다. 이런 경우 옮겨 심어도 그 상태나 모양이 잘 바뀌지 않는다. 되도록 곧고 단단하게 자란 개체를 선택한다.
- **새로운 생장점 확인_** 줄기 맨 위쪽의 생장점 부분을 확인한다. 건강한 개체는 생장점 부분이 싱싱하고 연한 색을 띠며 활력이 느껴진다.
- **가시 상태 확인_** 하얀 솜털은 깨끗한 상태인지, 가시는 윤기가 있는지 살펴 본다.

9

언뜻 보면 메마른 실 가닥

틸란드시아 우스네오이데스

Tillandsia usneoides

원산지 중앙·남아메리카 및 미국 남부 지역

속명 *Tillandsia*는 스웨덴의 식물학자이자 의사인 엘리아스 틸란츠의 이름을 따서 명명되었으며, 종명 *usneoides*는 라틴어 'Usnea(나무에 매달려 자라는 지의류의 한 속)'에서 유래한다. 즉 수염틸란드시아가 '마치 우스니아처럼 생겼다'라는 외형적 특징을 직관적으로 나타내는 명칭이다.

흙 한 줌 없이도 생명을 유지하는 식물이 존재한다는 사실은 매우 흥미롭다. '수염틸란드시아'로 유통되는 이 식물은 흙에 뿌리 내리지 않고 잎이 직접 공기 중의 수분과 양분(미세먼지, 유기물)을 흡수하여 생명을 유지하는 착생식물이다. 독특한 생김새 덕분에 '스페인 이끼(Spanish Moss)' 혹은 '할아버지 수염(Old Man's Beard)'이라고도 불린다. 가느다란 잎들이 은회색 실타래처럼 얽히고설켜 축 늘어진 모양새는 해리포터 시리즈의 덤블도어 교장을 연상시킨다. 최대 5m까지 자라기도 한다. 틸란드시아가 흙 없이 살아갈 수 있는 것은 트리콤 덕분이다. 잎 표면에 있는 하얀 솜털 같은 트리콤이 공기 중의 수분과 양분을 포착하여 흡수하는 역할을 한다. 이 식물을 기르고 있다면, 트리콤을 훼손하지 않도록 주의해야 한다. 마른 잎이 생기면 조심스럽게 정리해 주고, 길이가 너무 길어지면 잘라줘도 무방하다.

행잉 플랜트로 천장이나 벽에 매달아 키우면 인테리어 효과가 뛰어나며, 미세먼지 제거와 산소 방출 기능으로 실내 공기 정화에도 도움을 준다. 밤에 기공을 열고 산소를 배출하므로 침실에 두면 좋다.

이렇게 키워보세요

털이 많을수록 은회색으로 보이며, 건조에 강해진다. 모체에서 자구가 생기면 어느 정도 자랐을 때 분리하여 키울 수 있다. 자구를 분리하지 않으면 클럼프 형태를 만들기도 하는데, 이 경우에는 통풍에 더욱 신경을 써야 한다. 종자나 포기 나누기로 번식할 수 있으며, 관리가 잘되면 보라색 작은 꽃도 피우고 새끼가 자라나기도 한다. 덩어리에서 떼어 내어 다른 곳에 걸어 두는 분리 번식을 추천한다. 씨앗 번식도 가능하지만 오래 걸린다.

햇빛

부분적인 빛 선호

거실의 창가 쪽이나 발코니 안쪽 등 밝으면서 간접적인 빛이 들어오는 곳에 걸어 두는 것이 좋다. 빛이 부족하면 속이 검게 변하고 성장이 줄어들 수 있다. 한여름의 직사광선은 잎을 태울 수 있으니 주의한다.

온도

적정 온도 20-25℃

따뜻하고 습한 환경에서 가장 잘 자라며, 잎이 푸르고 촉촉하게 유지된다. 겨울철 최저 온도는 5℃ 이상이며, 그 이하에서는 냉해를 입거나 잎이 마르고 회색빛으로 변할 수 있다.

습도

40-70% 정도

높은 습도와 더불어 충분한 통풍이 필수적이므로 자주 환기해 준다. 특히 공중 습도 관리가 필요한 식물이다.

물

저면관수 또는 분무

물 요구량이 많은 식물이다. 1주일에 한 번 정도 수돗물에 담갔다가 건조시키는 방식으로 관리한다. 축축한 상태가 4시간 이상 지속되면 썩기 시작하므로 물을 준 후에는 물기를 잘 털어내고 빠르게 말린다. 염소에 상당히 민감한 편이므로 수돗물은 하루 정도 뒀다가 사용한다.

잎 표면을 덮고 있는 트리콤은 생존에 필수적이다.

얽힌 실타래 모양의 가느다란 잎들

그밖에 인기 있는 종

1 **틸란드시아 치아펜시스_** 길고 뾰족한 은빛 잎이 사방으로 퍼지면서 구불거리는 모양이 움직일 것만 같다.

2 **틸란드시아 세로그라피카_** 은빛의 꼬불꼬불한 잎을 가지며, 우아한 수형으로 인해 '틸란드시아의 여왕'이라 불린다. 밝은 간접광이 부족하면 은빛이 흐려지고 녹색빛이 강해진다.

3 **틸란드시아 이오난사_** 두툼한 잎이 방사형으로 퍼지며, 성숙하면 뾰족한 잎이 붉게 물든다.

10

깃털, 고요히 흐르는 결의 춤

켄차야자

Howea belmoreana

원산지 오스트레일리아 동부 로드하우섬

속명 *Howea*는 원산지인 로드하우섬의 이름을 따서 명명되었다. 이 섬은 켄차야자가 자생하는 유일한 곳으로, 독특한 기후와 토양 조건이 이 식물의 생장에 최적화되어 있다. 종명 *belmoreana*는 오스트레일리아 뉴사우스 웨일스주의 총독이었던 존 클리버 벨모어경의 이름에서 따왔다.

길고 가는 줄기에 짙은 녹색의 잎들이 부드럽게 아래로 처지는 모습이 특징적이다. 큰 깃털 모양의 잎(frond) 안에 가느다란 작은 잎(leaflet)들이 잎 축을 따라 좌우로 배열되어 있다. 복잡하게 겹치지 않으면서도 풍성하게 드리운 모습이 보기에 안정감을 준다. 인테리어 잡지나 드라마 등에 자주 등장하는 이유 역시 간결하면서 기품 있는 존재감과 어떤 가구와도 조화롭게 잘 어우러지기 때문이다. 야자는 활용 목적에 따라 관상용(켄차야자, 테이블야자 등), 식용(코코넛야자, 대추야자 등), 경제적 가치가 높은 용도(기름야자, 아사이야자 등) 등으로 나뉜다. 켄차야자는 다른 야자에 비해 비교적 낮은 조도에서 잘 견디고 건조한 실내 공기에도 꽤 강한 편이다.

켄차야자를 시작으로 테이블야자, 아레카야자 등을 두루 키워 봤는데, 외형적으로 비슷해서 처음에는 구분하기 힘들었다. 빨리 익숙해지기 위해 이름표를 꽂기도 하고 넓은 잎은 켄차, 작고 촘촘한 잎은 테이블, 매끈한 마디는 아레카, 이런 식으로 외우기도 했다. 이젠 어디서 만나더라도 구분할 수 있다.

이렇게 키워보세요

해충과 질병에 대한 저항력이 높다. 성장 속도가 느려 분갈이를 자주 하지 않아도 되는 장점이 있지만(2-3년마다 확인은 필요), 그만큼 인내심을 가지고 키워야 한다. 주로 씨앗을 통해 번식하며, 실내에서는 번식이 쉽지 않다. 봄-가을 성장기에 월 1회 정도 액체 비료를 희석하여 공급해 주면 성장에 도움이 된다. 겨울철에는 비료를 중단한다.

햇빛

반양지, 반음지

밝고 간접적인 빛을 가장 좋아하지만 다소 낮은 조도에서도 놀랍도록 잘 견딘다. 그러나 빛이 부족하면 잎이 노랗게 변색할 수 있고, 직사광선에 노출되는 경우에는 잎끝이 탈 수도 있다.

온도

적정 온도 18-25℃

일반적인 실내 온도에서 가장 잘 자라며, 최저 10℃까지 견딜 수 있다. 적정 온도에서 기르면 잎이 윤기 있고 건강하게 자란다. 겨울철 최저 온도는 10℃이며, 그 이하로 떨어지면 잎이 갈변하거나 시들 수 있고 냉해로 인해 줄기가 물러질 수 있다.

습도

40-70% 정도

높은 습도를 선호하는 식물이다. 미세하긴 해도 식물 주변의 습도를 높여 주는 효과가 있으므로 건조한 환경에서 생활하는 사람들에게 다소 도움이 될 수 있다.

물

겉흙이 마르면 듬뿍!

물을 줄 때는 화분 아래로 물이 살짝 빠질 정도로 준다. 봄여름에는 7-10일 간격으로 주고, 가을과 겨울에는 12-15일 간격이 적당하다. 배수가 잘되는 흙을 사용하는 것이 중요하다.

그밖에 인기 있는 종

1 **아레카야자_** 얇고 길게 갈라진 잎이 다발로 자라 부채처럼 퍼지며, 전체적으로 부드럽고 우아한 수형을 이룬다. NASA가 선정한 공기 정화 식물 1위이다.

2 **테이블야자_** 곧고 짧은 줄기에서 부드러운 잎이 엇갈리게 자라며, 책상 위에 두기 좋은 소형 야자이다.

3 **관음죽_** 끝이 뾰족한 긴 타원형의 잎이 줄기 끝에서부터 방사형으로 돋는다. 두툼하고 윤기가 있으며, 대나무 잎과 비슷하다. 실내 녹음 효과가 뛰어나다.

4 **피닉스야자_** 활처럼 휘어진 깃털 모양의 가느다란 잎이 먼저 시선을 끈다. 줄기에서부터 완만하게 퍼지며 크게 곡선을 그려 기품이 느껴진다.

11

은화가 된 잎들

녹태고

Xerosicyos danguyi

원산지 마다가스카르

속명 *Xerosicyos*는 그리스어 'xeros(건조한)'와 'sicyos(오이 또는 호박)'의 합성어로, '건조한 오이(호박)' 또는 '건조한 환경에 적합한 박과 식물'이라는 의미이다. 종명 *danguyi*는 프랑스의 식물학자이자 탐험가인 조르주 마리 로제 당귀(Georges Marie Roger Danguy)의 이름을 따서 명명되었다.

잎은 두툼하고 동그란 동전 모양이며 회녹색 또는 은빛이 감도는 녹색을 띤다. 표면이 매끈하고 약간의 광택이 있다. 섬세한 덩굴손으로 주변을 감으며 자라거나 아래로 늘어져 성장한다. 다육식물이면서 동시에 덩굴식물인 셈이다. 덩굴성이라는 특징은 녹태고가 단순한 화분 식물이 아닌, 다양한 수형으로 연출할 수 있는 잠재력을 제공한다. 키우는 사람의 창의성에 따라 무궁무진하게 스타일링이 가능한 식물이다.

다육질 잎은 원산지의 건조한 환경에서 살아남기 위한 수분 저장고 역할을 한다. 잎 속에 다량의 수분을 머금고 있어 오랜 기간 물 없이도 버틸 수 있다. 이런 특성으로 인해 기르기 수월한 장점이 있지만, 과습에는 취약하다는 단점도 아울러 가지고 있다. 따라서 그 절제된 생존 방식에 맞춰 물을 줄 때는 조심스러운 손길이 필요하다.

잎이 주렁주렁 매달리는 형태로 길게 뻗으며 자라고, 줄기는 시간이 지나면서 갈색으로 변하고 목질화된다. 녹태고는 국내 유통명이다.

이렇게 키워보세요

물 빠짐이 좋은 다육식물 및 선인장 전용 흙을 사용한다. 봄여름에 줄기꽂이로 쉽게 번식시킬 수 있다. 잘 자란 줄기를 1-2마디 잘라서 흙 또는 수태에 꽂으면 쉽게 뿌리내린다. 물꽂이보다는 흙꽂이나 수태꽂이를 추천한다. 수형 잡기가 쉽지 않지만 덩굴을 리스 모양으로 유도해 장식 효과를 낼 수 있고, 여러 줄기를 길게 늘어뜨려 창가에 배치하면 햇빛을 은은하게 걸러 주는 '식물 커튼' 같은 느낌도 낼 수 있다.

햇빛

반양지 또는 간접적인 햇빛

빛이 잘 드는 창가에서 잘 큰다. 하루에 최소 3-6시간 이상의 밝은 빛을 받는 것이 좋다. 빛이 부족하면 흙 마름 속도가 느려져 과습의 위험도가 높아진다. 그럴 때는 생장등을 활용해 본다.

온도

적정 온도 20-28℃

온도에 민감한 편은 아니지만, 그래도 따뜻한 환경에서 기르는 게 좋다. 겨울에 10℃ 이하로 내려 가면 생장이 멈추고 잎이 상하기 쉽다. 따라서 겨울철에 차가운 베란다나 창가에 두는 것은 피해야 한다.

습도

40-70% 정도

장마철엔 제습기로 습기를 제거하고, 서큘레이터를 이용하여 공기 순환을 도와 준다. 다만 습도가 너무 낮아도 뿌리 흡수가 어려워질 수 있으니 주변 습도를 적정하게 유지하는 것도 중요하다.

물

속흙까지 완전히 마르면 듬뿍!

건조하게 관리하는 것이 포인트. 다육질이라 과습에 약하므로 겉흙만 말랐을 때는 물을 주지 않는다. 대체로 2주 간격이 적당하다. 잎이 통통하고 단단하면 물을 줄 필요가 없다. 잎이 주름지거나 말랑해지면 그때 물을 충분히 준다.

수분 저장고 역할을 하는 두툼한 잎

줄기에 있는 덩굴손

조금 더 들여다보기

- **이름의 탄생_** 녹태고는 문자 그대로 풀이하면 '푸른 이끼 언덕' 정도의 뜻이 된다. 둥글고 두툼한 잎이 마치 이끼가 언덕을 덮은 듯한 모습이라서 명명되지 않았을까 싶긴 하나 별로 설득력은 없어 보인다. 상업적 또는 감성적인 네이밍으로 보면 될 것 같다. 이 이름이 처음 사용된 시기는 문헌에 명시되어 있지 않지만, 국내 식물 애호가와 원예 커뮤니티를 중심으로 2020년대 초반부터 유행했다는 설이 있다.
- **인내심이 필요한 식물_** 줄기는 탄성이 없으며, 잎도 거의 변하지 않아 일정한 수형을 계속 유지한다. 다른 식물에 비해 오랜 기간에 걸쳐 자란다. 따라서 이 식물을 기르자면 인내심이 필요하다.
- **감아서 타고 오르기도 하는 식물_** 줄기에 덩굴손이 있어 트렐리스나 기둥을 타고 오르기도 하나, 보통 조용히 아래로 흘러내린다. 지탱할 구조물의 형태를 따라 타고 오르내린다.

12

색채가 머문 테두리

호야 카르노사 '크림슨 퀸'

Hoya carnosa 'Krimson Queen'

원종 기준 원산지 중국, 일본, 타이완 등 동아시아 지역

속명 *Hoya*는 영국의 식물학자 토머스 호이(Thomas Hoy)의 이름을 기리기 위해 명명되었다. 종명 *carnosa*는 라틴어 'carnosus(살집이 많은)'에서 유래했으며, 잎이 두껍고 다육질인 특징을 반영하고 있다. 호야 카르노사 '크림슨 퀸'은 상업적으로 널리 사용되는 유통명이며, 공식 품종명은 호야 카르노사 '트리컬러'이다.

호야는 500종 이상의 품종을 가진 거대한 식물 속이다. '왁스 플랜트'라는 별명처럼 두껍고 윤기 나는 잎이 특징이며, 다육질이라 건조에 강하다. 달콤한 향이 나는 별 모양의 작은 꽃들이 둥근 형태로 피어난다. 같은 꽃대에서 반복적으로 꽃이 피고, 꿀을 분비해서 곤충을 유인한다.

국내에서 가장 흔하고 인기 있는 호야는 호야 카르노사이며, '크림슨 퀸', '크림슨 프린세스', '콤팩타' 등이 대표적인 카르노사 품종이다. 이 가운데 '크림슨 퀸'이 가장 대중적이다. '크림슨 퀸'의 잎은 처음 돋을 땐 분홍빛을 띠다가 시간이 지나면서 점차 녹색과 흰색으로 자리잡는다. 이로 인해 한 식물에서 세 가지 색을 동시에 감상하는 즐거움을 만끽할 수 있다.

호야가 실내 원예식물로 인기 있는 이유는 관리가 쉽고 강한 생명력을 가졌기 때문이다. 특히 '크림슨 퀸'은 동네 식물가게나 대형 마트에서 쉽게 구할 수 있어 친근한 식물로 인식되고 있다. 가격도 대체로 저렴한 편이라 누구나 편히 기를 수 있다.

이렇게 키워보세요

빛과 물과 꽃대 관리만 잘하면 누구든 잘 키울 수 있는 행운의 식물이다. 특히 꽃대를 자르지 않고 뿌리가 화분 가득 찰 때까지 기다리는 인내를 가져야 아름다운 꽃을 볼 수 있다. 뿌리가 꽉 차야 꽃을 잘 피우므로 작은 화분에서 시작하는 것이 유리하다. 꽃이 성공적으로 폈다면 꽃이 진 뒤에도 꽃대를 자르지 말아야 한다. 그 자리에서 다시 꽃이 피기 때문이다.

햇빛

밝고 간접적인 빛

무늬종이기 때문에 빛이 부족하면 잎의 무늬가 사라지고 모두 녹색으로 변할 수 있다. 단, 한여름의 강한 직사광선은 잎을 태울 수 있으므로 필터링된 햇빛이 드는 창가에 두는 것이 가장 좋다.

온도

적정 온도 15-29℃

일반적인 실내 온도에서 잘 자라지만 따뜻한 환경을 더 좋아한다. 허용 가능한 온도 범위는 10-41℃. 10℃ 이상이면 생장이 가능하며, 41℃까지도 견딜 수는 있지만 통풍과 수분 관리에 신경을 써야 한다. 겨울철에 10℃ 이하로 떨어지면 냉해를 입을 수 있으며, 잎이 무르거나 떨어질 수 있다.

습도

40-60% 정도

새순의 경우(성장기)는 70-80% 정도의 습도를 유지해야 새순 끝이 마르지 않고, 분홍빛이 선명하게 유지된다. 젖은 자갈을 담은 접시 위에 화분을 올려 두면 좋다. 잎에 직접 분무하면 곰팡이 우려가 있으므로 피한다.

물

겉흙이 완전히 말랐을 때

잎이 다육질이므로 물을 자주 줄 필요는 없다. 겉흙이 완전히 마르거나 잎이 약간 부드러워지기 시작하면 충분히 주되, 과습일 경우 곰팡이성 질병이 생길 수 있으므로 주의한다.

그밖에 인기 있는 종

1 리사 호야_ 진한 초록 무늬가 불규칙한 모양으로 테두리를 형성하고 있다.

2 환희 호야_ 두껍고 광택이 나는 다육질 잎 가장자리에는 흰색 또는 상앗빛 무늬가 둘러싸고 있고, 군데군데 핑크색이 섞여 있다.

3 호야 오보바타_ 넓고 둥근 초록 잎에 은빛 반점이 퍼져 있다.

4 하트 호야_ 하트 모양의 잎이 사랑스럽다. 사랑과 행운을 상징한다고 알려져 있어 발렌타인데이나 기념일 선물로 인기가 많다.

13

정원의 은빛 시인

은세무리아

Kalanchoe bracteata

원산지 마다가스카르

속명 *Kalanchoe*의 정확한 어원은 불분명하지만, 중국어 '加籃菜(가람채)'를 18세기 프랑스 식물학자 미셸 아당송(Michel Adanson)이 라틴 식으로 학명화했다는 설이 유력하다. 종명 *bracteata*는 라틴어로 '포엽(bract)'을 뜻하는 'bracteatus'에서 유래했다.

가장 눈에 띄는 특징은 숟가락처럼 오목하게 접힌 은빛 잎이다. 이 때문에 '칼랑코에 실버 스푼'이라는 사랑스러운 별명으로도 알려져 있다. 잎 전체에 하얀 솜털이 촘촘히 덮여 있어 빛을 반사하고, 부드러운 벨벳 질감을 선사한다. 이 솜털은 강한 햇빛으로부터 식물을 보호하고 수분 증발을 막는 중요한 역할을 한다. 은세무리아는 국내 유통명으로, 잎이 은색에다 스웨이드 질감을 가졌다고 해서 붙여진 감성적 조어이다. 동네 식물가게에서는 보기 힘들 수도 있다. 천천히 자라는 관목 형태로 여름에는 줄기 끝에서 주황색이나 붉은색의 작은 꽃을 피워 아름다움을 더한다.

여러 줄기가 함께 자라는 다육 관목, 즉 무리를 지어 자라는 것이 이 식물의 본디 생장 습성이지만 나는 외목대로 키우고 있다. 살 때는 미처 알지 못했으나, 의도적인 수형 잡기(pruning)를 통해 만들어진 개체를 구매했던 모양이다. 고요한 분위기의 세련된 기품을 지닌 은세무리아는 진초록의 관엽들 사이에서 소용히 그러나 분명하게 자신의 존재를 드러낸다.

이렇게 키워보세요

배수성이 좋은 다육식물 및 선인장 전용 흙을 사용한다. 분갈이는 2-3년에 한 번, 뿌리가 꽉 찼을 때 해 준다. 햇빛이 잘 들고 물 빠짐이 좋은 환경에서 키우는 것이 중요하다. 다육식물답게 건조한 환경을 선호한다. 식물체 내에 독성이 있어 반려동물이나 어린아이와 함께 있는 공간에서는 주의가 필요하다. 잎을 잘라 건조한 흙에 심고, 분무기로 관리하면 뿌리가 난다.

햇빛

반양지

하루 2-3시간 정도의 은은한 햇빛이 적당하며, 강한 직사광선은 피한다. 빛이 부족하면 줄기가 가늘고 길게 웃자라고 잎의 은빛이 옅어지므로, 이럴 땐 더 밝은 곳으로 옮긴다.

온도

적정 온도 15-26℃

적정 온도에서 키우면 잎의 은빛이 선명하게 유지된다. 고온에 강한 편이나 10℃ 이하 젖은 상태에서 냉해를 입으면 몸통이 얼어 물러질 수 있다.

습도

40-70% 정도

일반적인 습도면 충분하다. 다른 열대 식물들과 달리 높은 습도를 특별히 요구하지 않는다. 환기가 중요한 식물이다.

물

흙이 완전히 마른 후에 듬뿍!

봄여름엔 주 1회, 가을과 겨울에는 10일-2주 간격이 좋다. 여름철에는 저녁에 물을 주고, 겨울에는 낮에 미지근한 물을 준다. 잎에 직접 물이 닿으면 무를 수 있으니 흙에만 준다. 수분 관리를 잘못하면 잎이 힘없이 떨어지기도 하므로 흙의 마름 상태를 자주 확인한다.

스웨이드 질감의 은빛 잎

오목한 모양이 숟가락을 닮았다.

여러 줄기의 관목 형태를 가진 다육식물이다.

오묘한 빛깔의 세무리아

건강한 개체 고르는 체크 포인트

- **균형 잡힌 수형**_ 한쪽으로 기울어지지 않고 균형 잡힌 모양으로 곧게 자란 개체가 좋다.
- **활력**_ 전체적으로 생기가 있어야 하며, 흔들었을 때 단단하게 고정되어 있다면 활력이 좋다는 증거이다.
- **잎의 색과 모양**_ 잎이 은색을 띠며 통통하고 단단해야 한다.
- **웃자람(연약한 성장)**_ 줄기가 길게 늘어지고 잎 사이의 간격이 넓은 것은 빛 부족으로 인해 웃자란 것이다. 줄기는 단단하고 굵으며, 잎이 밀집된 개체를 고른다.
- **병충해·상처**_ 잎이나 줄기에 반점, 곰팡이, 끈적임 등의 병충해 흔적이 있는지 꼼꼼히 살피고, 훼손된 상처가 없는 것을 선택한다.

14

뉴질랜드에서 온 감성 식물

소포라 프로스트라타 '리틀 베이비'

Sophora prostrata 'Little Baby'

원종 기준 원산지 뉴질랜드

속명 *Sophora*는 아랍어 'sophera(노란색)'에서 유래되었으며, Sophora속 식물들이 노란 꽃을 피우는 특징과 연결된 것으로 추정된다. 종명 *prostrata*는 '엎드린, 기는, 퍼져 자라는'이란 뜻의 라틴어이다. 유통명은 '마오리 소포라'이다.

가장 먼저 눈에 띄는 것은 불규칙적으로 꺾이고 뒤틀린 가지이다. 보통 나무들이 곧거나 완만한 곡선을 그리며 가지를 뻗는 것과는 다르게, 이 식물은 누군가 의도적으로 꺾어 놓은 듯 지그재그 형태를 이루고 있다. 이 독특한 생김새는 원산지의 거친 환경에 적응하면서 생겨났다. 바람의 저항을 줄이고 자신을 지탱하기 위해 줄기와 가지가 서로 얽히고설키며 자라난 것이다.

가지에 달린 잎은 크기가 매우 작고 촘촘하다. 동글동글하고 앙증맞은 잎들이 듬성듬성 달린 가지들과 어우러져 섬세하면서도 여린 느낌을 준다. 이 때문에 '리틀 베이비'라는 품종명이 생겼을 것이다. 전체적으로는 허공을 유영하는 듯한 가벼운 실루엣을 드러내는데, 감성적인 분위기를 연출하고 싶다면 추천하고 싶은 식물이다.

인테리어용으로 부쩍 인기몰이 중인 식물이다. 유통명 중 '마오리'라는 이름이 던지는 문화적 상징성, 뉴질랜드가 원산지라는 희소성, 거기에 식물의 형태가 주는 디자인적 매력까지 한데 합쳐져서 일어난 현상이 아닐까 싶다. 매우 아름답지만 관리 난이도가 있는 편이다.

이렇게 키워보세요

뿌리가 화분에 꽉 찼거나 배수가 잘되지 않는다고 여겨질 때 분갈이해 준다. 1-2년에 한 번 정도, 보통은 봄철에 하면 된다. 꺾꽂이로 번식할 수 있으며, 꺾꽂이는 봄여름에 시도하면 성공률이 높다. 건조한 환경에서는 응애나 깍지벌레가 생길 수 있으니 가지와 잎을 수시로 살핀다. 초심자라면 어린 식물보다는 건강하게 자란 중형 이상의 개체를 들이는 것이 실패 확률이 적다. 성장은 느린 편이다.

햇빛

반양지, 반그늘

동향 창가나 남향 창가에서 한두 발짝 떨어진 곳이 좋다. 빛이 잘 드는 거실이나 방 안쪽에 두되, 커튼 등으로 빛을 걸러 주는 것이 이상적이다. 빛이 너무 부족하면 웃자라거나 잎의 색이 연해지고 수형이 흐트러질 수 있다.

온도

적정 온도 15-25℃

비교적 서늘하고 쾌적한 온도를 좋아한다. 이상적인 겨울 온도는 8-12℃이며, 여름철 30℃ 이상에서는 더위 스트레스를 받기 쉬우므로 통풍에 신경 쓴다.

습도

40-70% 정도

너무 건조하면 잎이 마르거나 갈색으로 변할 수 있으니 가끔 잎에 분무해 준다. 가습기를 사용하거나, 화분 주변에 자갈과 물을 담은 접시를 두어 주변 습도를 높여 주는 것도 좋다.

물

겉흙이 마르면 듬뿍!

손가락으로 흙을 2-3cm 정도 파 봤을 때 흙이 말라 있다면 물을 준다. 겉흙만 살짝 젖어 있다면 물 주기를 미룬다. 봄여름에는 5-7일에 한 번, 가을과 겨울에는 2주에 한 번 정도가 좋다. 난방이 되는 실내에서는 흙이 더 빨리 마를 수 있으니, 흙 상태를 꼭 확인한다.

어린 소포라

가지에 촘촘하게 배열된 잎

건강한 개체 고르는 체크 포인트

소포라는 특히 수형이 제각각인 식물이다. 마음에 드는 수형을 들이고 싶다면 식물가게에서 직접 고르는 게 좋다.

- **가지 수형과 탄력 유무_** 가지가 균형이 잘 잡혀 있고, 자연스럽게 꺾여 뻗어 있는지 확인한다. 가지 끝이 초록빛이고 단단해야 한다.
- **잎의 색과 밀도_** 잎 사이 간격이 넓거나 듬성듬성한 모양이면 생장 불균형 또는 빛 부족인 경우이다. 흙이 약간 마른 상태에서 잎 상태를 확인하는 게 정확하다.
- **새순과 생장점 확인_** 가지 끝에 작은 새순이 자라고 있다면 건강하게 생장 중이라는 신호. 생장점이 말라 있거나 검게 변색한 경우는 피한다.
- **병충해 흔적_** 잎 뒷면이나 가지 사이에 거미줄(응애) 또는 솜털 같은 덩어리(깍지벌레) 등이 있는가 확인한다. 눈에 잘 띄지 않는 경우가 많으니 잎을 살짝 들춰 본다.

15

고원의 기억, 향기로 남는다

커피나무

Coffea arabica

원산지 에티오피아 고원 지역

속명 *Coffea*는 라틴어에서 비롯된 명칭이지만, 그 어원은 아랍어 'qahwah'에서 나왔다는 설이 널리 받아들여진다. 아랍어에서 시작하여 터키어('kahve')→이탈리아어('caffè')→라틴어('coffea')로 정착된 언어적 흐름이다. 종명 *arabica*는 '아라비아의'라는 의미로, 시작은 에티오피아이지만 아라비아반도(특히 예멘)를 통해 유럽에 알려졌기 때문에 붙여진 이름이다.

실내에서 기르는 커피나무는 일반적으로 아라비카커피나무이다. 원추형 또는 퍼지는 형태로 자라며, 줄기가 비교적 곧게 뻗는다. 잎은 끝이 뾰족한 타원형이며, 잎맥이 뚜렷하다. 잎 가장자리는 잔잔히 일렁이는 물결 모양이다. 흰색 별 모양의 작은 꽃을 피우는데, 이때 은은한 재스민 향이 난다. 곤충이나 바람에 의해 수정이 성공하면 작은 열매가 맺히고, 이 열매가 익으면 커피 체리가 된다. 붉은 체리 속에 들어 있는 씨앗이 바로 우리가 즐겨 마시는 커피 원두이다. 대부분 한 체리 안에 2개의 씨앗이 있으며, 이 과정은 보통 6-9개월 정도 걸린다.

우리 집에는 4년 가까이 함께하고 있는 커피나무가 있다. 지인이 선물로 받았으나 잘 키울 자신이 없다며 내게 보냈다. 처음엔 어린잎 몇 장뿐이었지만, 시간이 흐름에 따라 제법 나무답게 성장했다. 줄기가 연갈색을 띠면서 단단해졌고, 훌쩍 커버린 잎사귀는 윤기를 머금어 반짝인다. 그 성장의 시간만큼 내 일상도 함께 자라난 듯하다.

병해충에 취약하다. 흔히 발생하는 병해충은 깍지벌레이며, 이는 전용 해충제로 방제 가능하다. 종종 진딧물이나 녹병, 커피베리병 등이 발생하기도 한다. 커피나무 병해충은 전파력이 강해 한 번 발생하면 그 피해가 넓게 퍼지므로 통풍에 각별히 신경 쓴다.

햇빛

밝고 간접적인 빛

동향이나 남향의 창가 또는 베란다, 잔잔한 빛이 드는 거실 한쪽에 두는 것이 좋다. 빛이 부족하면 잎이 누렇게 변하고 성장이 더딜 수 있다. 반면 햇빛이 너무 강하면 잎이 탈 수도 있으니 주의한다. 한 달에 한 번 정도 화분을 돌려서 고르게 빛을 받게 한다.

온도

적정 온도 18-25℃

적정 온도 범위에서 가장 활발하게 성장하며, 잎에 윤기가 생기고 열매도 잘 맺는다. 겨울철엔 창가나 현관 근처의 찬바람은 피한다. 공기가 너무 건조하면 스트레스를 받으니 히터나 온풍기 근처에 두지 않는다.

습도

60% 이상

60% 이상이면 잎이 건강하게 유지된다. 그러나 70-80%가 가장 이상적인 생육 환경으로, 이는 열대 지방의 자연 조건을 모방한 수준이다. 만일 잎끝이 마르거나 갈라지거나 오그라든다면 습도 부족을 의심해 봐야 한다.

물

겉흙이 마르면 듬뿍!

'건조 후 관수'의 원칙을 지키면 실수가 없다. 손가락으로 2-3cm 정도 눌러 봐서 말라 있으면 물을 준다. 한 번 줄 때 흠뻑, 화분 밑으로 물이 흘러나올 때까지 준 후 곧바로 화분 받침의 물을 비운다.

가지 끝에 돋은 새순. 잎맥이 뚜렷하다.

곧게 뻗은 줄기

조금 더 들여다보기

원산지인 에티오피아에서 커피 열매의 각성 효과가 처음 발견되었다. 이후 이슬람 수도승들을 통해 아라비아 반도로 전파되면서 세계적인 음료로 발전하게 되었다. 전 세계 커피나무는 크게 세 품종으로 나뉘며('종'을 기준으로 할 때), 이중 아라비카가 가장 높은 비중을 차지한다.

- **아라비카커피나무_** 야생에서 6-8m 정도 자란다. 다른 커피나무에 비해 가지가 무성하지 않아 깔끔한 수형을 유지하기 쉽다. 실내 재배용으로 흔히 활용된다. 씨앗(생두)이 비교적 납작하고 길쭉하며, 가운데 홈이 S자 곡선을 이룬다. 맛과 향이 부드럽고 복합적이며, 산미와 단맛의 균형이 좋다.
- **로부스타커피나무_** 야생에서 10m 정도까지 자라며, 잎도 아라비카보다 크고 넓적하고 두꺼운 편이다. 씨앗이 아라비카보다 볼록하고 둥글며, 가운데 홈이 거의 직선이다. 인스턴트 커피나 블렌딩용으로 많이 사용된다.
- **리베리카커피나무_** 야생에서 최대 20m 가까운 거대한 나무로 성장하며, 줄기와 가지가 매우 굵고 튼튼하다. 잎 또한 크고 두꺼우며 짙은 녹색을 띤다. 맛과 향이 독특해서 호불호가 갈리는 편이다.

16

침엽의 피라미드

아라우카리아 헤테로필라

Araucaria heterophylla

원산지 오스트레일리아령 노퍽섬

속명 *Araucaria*는 처음 발견된 칠레 아라우코 지방의 아라우카노족의 이름에서 유래했다. 종명 *heterophylla*는 라틴어 '다른 잎을 가진'이란 뜻으로, 어린잎과 성숙한 잎의 모양이 다른 데서 온 이름이다. 노퍽섬이 원산지이다 보니 '노퍽 소나무'라고도 불린다.

일반적으로 '아라우카리아'라는 이름으로 유통된다. 삼나무와 비슷한 외형 때문에 '호주삼나무'라고도 불리지만, 실제 삼나무와는 다른 종이다. 은은한 바늘잎 덕분에 관상 가치가 높고, 암수딴그루라는 독특한 생식 특성을 가지고 있다.

아라우카리아속은 중생대부터 존재해 온 오래된 식물군으로 '살아 있는 화석'이라 불리기도 한다. 오랜 역사를 품고 있는 식물답게 잎의 형태, 가지 배열, 씨앗이 맺히는 방식 등에서 원시적인 특성이 많이 남아 있다.

원산지에서 최대 50-70m까지 자라며, 실내에서는 1-3m 정도로 성장한다. 자연 상태에서는 암나무에 둥근 솔방울 형태의 열매를 맺는다. 열매는 고급 견과류로 거래되곤 하지만 국내에서는 보기 어렵다.

진초록색 침엽이 층층이 펼쳐진 가지를 따라 대칭을 이루며, 가지는 줄기에서 나선형으로 배열된다. 이 구조 덕분에 크리스마스트리 대용으로 자주 활용된다. 침엽이지만 만져 보면 일반 소나무보다 훨씬 부드러운 촉감이다.

이렇게 키워보세요

느리지만 꾸준히 자란다. 피톤치드를 방출하여 실내 공기 질 개선에 도움을 준다. 꺾꽂이로 번식이 가능하지만 성공률이 낮기 때문에 권장되지 않는다. 통풍에 문제가 있거나 과습이 오면 잎이 노랗게 변하고, 해충 발생의 우려가 있다. 한쪽 면만 빛을 받으면 수형이 틀어질 수 있으므로 2-4주에 한 번씩 화분을 돌려 주어 모든 면이 고르게 빛을 받을 수 있도록 한다. 잘 기르면 상당한 높이에 도달할 수 있으니 수직적인 성장을 원한다면 충분한 공간을 제공하도록 한다.

햇빛

밝고 간접적인 빛

거실 안쪽이나 베란다 안쪽이 좋다. 남향 창가 근처에 두고 화분 방향을 고루 바꿔 주면 대칭을 유지할 수 있다. 너무 강한 빛은 잎을 태울 수 있고, 지나치게 어두운 곳에 두면 가지 사이의 간격이 넓어지면서 수형이 망가진다.

온도

적정 온도 15-25℃

서늘하고 안정적인 온도를 선호한다. 다른 침엽수에 비해 추위에 약하다. 10℃ 이하로 내려가면 성장이 정지되고, 5℃ 이하로 떨어지면 잎끝이 갈변되거나 심한 손상을 입을 수 있다.

습도

40-70% 정도

자주 분무하거나 가습기를 사용하거나, 화분 주변에 물과 자갈을 담은 접시를 두어 주변 습도를 높여 주는 것이 좋다.

물

겉흙이 마르면 듬뿍!

봄부터 가을까지는 표면이 바싹 말랐을 때, 겨울에는 흙이 대체로 말랐다고 판단될 때 충분히 준다. 대체로 여름철에는 1주에 한 번, 겨울철에는 2주에 한 번 정도로 생각하면 된다.

줄기에 나선형으로 배열된 가지

끝이 뾰족한 침엽이지만 부드럽다.

더욱 잘 키우기

• **가위질은 절대 금물_** 가위질을 함부로 하면 안 되는 식물이다. 다른 일반적인 관엽식물과 달리 한 번 잘린 가지는 영원히 잘린 상태로 남고, 그 부분이 말라 갈 수 있다. 이 식물을 기르면서 가장 조심해야 할 사항이다. 가지치기는 오로지 자연적으로 노랗게 변했거나 마른 잎, 죽은 가지를 제거할 때만 해야 한다. 잎끝이 조금 갈색으로 변했다고 해서 가지째 자르는 것은 금물이다.

• **느긋한 마음가짐이 필요_** 성장 속도가 빠른 식물이 아닌 만큼 느긋한 마음가짐이 필요하다. 수년간 키워도 1-2m밖에 자라지 않는다. 비료를 주고 싶다면, 성장기(봄부터 가을)에 권장 농도보다 옅게(액체 비료, 절반 정도로) 희석해서 한 달에 한 번 정도 주는 것으로 충분하다. 겨울 휴면기에는 비료를 주면 안 된다. 과도한 비료는 뿌리에 손상을 줄 수 있다.

17

잎으로 읽는 열대의 문장

향토란

Alocasia odora

원산지 아시아 열대 및 아열대 지역

속명 *Alocasia*는 그리스어 'a(부정을 나타내는 접두사)'와 'kolocaia(토란 뿌리)'에서 유래하며, 종명 *odora*는 라틴어 'odora(향기로운)'에서 기원한다. 향토란은 산림청 국가표준식물목록에 나와 있는 이름이며, 원예시장에서는 일반적으로 '알로카시아'로 유통된다.

가장 눈에 띄는 특징은 방패처럼 넓고 웅장한 잎이다. 이 독특한 형태 덕분에 '코끼리 귀'라는 별명이 붙었고, 별명에 걸맞게 존재감이 뚜렷하다. 잎은 윤기가 흐르는 짙은 녹색이며, 옅은 색의 잎맥이 선명하게 드러나면서 섬세한 무늬를 만들어 낸다. 오래된 잎이 떨어지면서 통통하고 곧은 목대가 형성되는데, 시간이 흐를수록 점차 굵어지며 나무 같은 인상을 준다. 뿌리에서는 굵은 육질의 알뿌리가 자라나 큰 잎을 떠받치며 성장한다. 길고 둥근 잎자루가 잎을 위로 향하게 지탱해 주어 시원하고 장대한 느낌을 자아낸다.

이색적인 잎 모양 덕분에 사랑받는 식물이지만, 기르기에 쉽지는 않다. 습도가 너무 높으면 흙이 지나치게 습해지고, 반대로 낮으면 식물이 시들어버린다. 여름철에는 비교적 수월하게 기를 수 있지만, 간절기에는 민감해져서 관리에 어려움을 겪게 된다. 나 역시 그렇게 몇 녀석을 보내버린 경험이 있으나 끝내 포기하지 않았고, 지금은 크고 작은 향토란 여덟 개체를 제법 잘 키워내고 있다. 비위 맞추기 쉽진 않지만, 이국적인 분위기를 내는 데 이만한 식물도 드물다.

이렇게 키워보세요

독성이 있어서 아이와 반려동물이 있는 경우 조심한다. 해충에 취약한 식물이므로 매일 살피는 게 좋다. 잎 뒷면에 거미줄이 보이거나 점박이 반점이 생겼다면 응애가, 잎자루나 잎 뒷면에 흰색 솜 같은 것이 보이면 깍지벌레가, 잎에 작은 상처나 은색 반점이 있다면 총채벌레가 생긴 것이다. 응애와 총채벌레는 물로 씻어 내고, 깍지벌레는 면봉으로 닦아 낸다. 천연 살충제로 제거할 수도 있다.

햇빛

반음지

직사광선을 받으면 잎이 타들어 갈 수 있다. 반면 햇빛이 너무 부족하면 잎의 색이 연해지거나 줄기가 웃자랄 수 있으니 주의한다. 동향이나 북향 창가에 두는 게 이상적이며, 남향 창가에 둘 경우, 강한 햇빛은 커튼으로 차단해 준다.

온도

적정 온도 21-27℃

따뜻한 온도를 좋아한다. 적정 온도 범위에서 가장 활발하게 성장하며, 잎이 넓고 윤기 있게 유지된다. 겨울철 12℃ 이하로 내려가면 냉해를 입을 수 있으니 찬바람이 직접 닿지 않도록 주의한다.

습도

60-80% 정도

습도 관리가 매우 중요한 식물이다. 잎이 넓고 얇아 수분 증발이 많기 때문에 공기 중 습도가 낮으면 쉽게 스트레스를 받는다. 실내가 건조하다면 가습기나 분무기 등이 해결책이 될 수 있으나 너무 잦은 분무는 곰팡이병의 원인이 될 수 있으니 조심한다.

물

겉흙이 마르면 듬뿍!

흙을 2-3cm 정도 파 보아 촉촉함이 느껴지지 않고 말라 있다면 물을 줄 때가 된 것이다. 화분 밑으로 물이 충분히 빠져나오도록 흠뻑 준다.

그밖에 인기 있는 종

1 **알로카시아 프라이덱_** 부드러운 벨벳 질감의 진초록 잎에 선명한 흰색 잎맥이 돋보인다. 그린 벨벳의 개량 품종으로 인기가 높다.

2 **알로카시아 잭클린_** 화살촉 모양이며, 잎 표면의 질감과 무늬가 거칠어 강한 인상을 준다. 진록의 잎맥을 따라 형성된 잎 가장자리의 윤곽선 때문에 입체감이 느껴진다.

3 **알로카시아 닌자_** 벨벳 질감의 암녹색 잎에 그려진 거미 다리 같은 흰색 잎맥이 인상적이다. 잎의 몸통이 두텁고 오동통하다.

4 **거북알로카시아_** 거북이 등껍질처럼 울퉁불퉁하다. 돌출된 잎맥을 따라 이루어진 하얀 무늬가 잎 테두리까지 서로 연결되어 잎 형태가 더욱 또렷하게 느껴진다.

18

지중해의 서정

올리브나무 '레치노'

Olea europaea 'Leccino'

원종 기준 원산지 이탈리아 토스카나 지방

속명 *Olea*는 그리스어 'elaion(기름)'에서 유래했다. 올리브 열매에서 기름을 생산하기 때문에 붙여진 이름이다. 종명 *europaea*는 '유럽의'를 뜻하며, 주요 원산지가 지중해 연안을 포함한 유럽 지역임을 나타낸다.

지중해 지역을 대표하는 상록수로 강한 생명력과 풍부한 활용 가치가 특징이다. 척박한 환경에서도 잘 견딘다. 강인함과 풍성한 결실 덕분에 고대부터 상징적인 존재로 여겨져 왔다. 특히 평화와 생명의 상징으로 자주 등장하며, 인류 문화에서 깊은 의미를 지닌다. 수백 가지나 되는 품종마다 원산지, 나무의 특성, 오일의 풍미, 적합한 용도 등이 모두 다르다. 이중 국내 원예시장에서 가장 널리 보급되는 품종이 올리브나무 '레치노'이다.

밑동에서 새 가지가 돋아나는 특성이 있다. 베어져도 뿌리가 남아 있으면 다시 자라서 '불사신 나무'라 불릴 정도로 회복력이 뛰어나다. 성장 속도는 느리지만 수백 년, 심지어 천 년 이상 살아남은 예도 있다.

멋진 수형의 올리브나무를 키운 적이 있다. 그런데 어느 순간부터 잎이 바싹 마르더니 툭툭 떨어져 내리기 시작했고, 매달려 있던 나머지 잎들도 거무튀튀하게 변해 갔다. 어떻게든 살려 보려고 노력했으나 결국 내 곁을 떠나고 말았다. 만족할 만큼의 햇빛을 주지 못한 탓이었을까, 물 주기에 실패한 것일까, 통풍 문제였을까.

이렇게 키워보세요

햇빛이 충분하지 못한 환경이라면 기르기 힘들 수도 있다. 뿌리가 깊게 뻗기 때문에 큰 화분이 좋다. 화분의 배수 구멍으로 뿌리가 나오거나 성장이 더디다면 분갈이가 필요한 시기이다. 이때에는 기존 화분보다 약간 더 큰 화분으로 옮겨 준다. 봄철에 생장점을 잘라 곁가지를 유도하면 풍성한 수형을 만들 수 있다.

햇빛

강한 햇빛

하루에 6시간 이상의 직사광선 또는 햇빛이 잘 비치는 양지가 좋다. 실내에서 키운다면 해가 가장 잘 드는 베란다나 창가에 두어야 건강하게 자란다. 햇빛이 부족한 환경에서는 잎이 떨어지거나 성장이 더뎌지므로 식물 생장등을 이용해 빛을 보충해 준다.

온도

적정 온도 18-26℃

비교적 추위에 강한 편이다. 영하 5℃까지 견디므로 겨울철에도 베란다에서 키울 수 있다. 단 햇볕은 잘 들어야 한다. 5-10℃ 정도의 서늘한 환경에서 월동하면 이듬해 봄에 꽃눈이 형성되고 열매를 맺을 확률이 높아진다.

습도

40-60% 정도

건조한 환경을 선호한다. 통풍이 잘되지 않거나 공기 중 습도가 높으면 뿌리가 부패할 우려가 있다. 잎끝이 둥글게 말리면 수분 부족 때문이니 습도 관리에 더욱 신경을 쓴다. 물을 준 후에는 충분히 통풍을 시켜 빨리 흙을 말린다.

물

겉흙과 속흙이 완전히 말랐을 때 듬뿍!

흙을 파 보아 화분 깊숙한 곳의 습기를 확인하는 것이 가장 확실하다. 봄에서 가을까지는 물 요구량이 많으므로 주 1회, 겨울에는 1-2주에 1회 정도 준다. 아침이나 저녁, 기온이 낮을 때 물을 주면 증발이 덜하고 흡수가 잘된다.

'레치노'는 다른 종에 비해 잎끝이 둥근 편이다.

보랏빛을 띠며 익어 가는 '레치노' 열매

조금 더 들여다보기

올리브나무 '레치노'가 관상용+오일용이라면 '피쿠알'은 오일 생산이 중심이다. '레치노'는 국내 식물가게에서 삽목묘, 화분형, 정원용 등 다양하게 유통되고 있으며 '피쿠알'은 올리브 오일의 품질과 풍미로 유명하다.

- **올리브나무 '레치노'**_ 이탈리아 토스카나 지방이 원산지이며, 내한성이 비교적 강해서 다른 품종보다 서늘한 기후에서도 잘 견딜 수 있다. 열매의 숙기가 빠른 편이며, 오일 함량은 중간 정도이다. 오일이 부드럽고 섬세하며 달콤한 과일 향이 주를 이룬다.
- **올리브나무 '피쿠알'**_ 스페인의 안달루시아 지방이 원산지이며, 전 세계에서 가장 많이 재배되는 상업적 품종이다. 이는 피쿠알이 가진 압도적인 생산성 때문이다. 피쿠알 열매는 끝이 뾰족한 타원형이며, 오일 함량이 20%를 넘길 정도로 매우 높다. 풍부하고 복합적인 맛 덕분에 미슐랭 셰프들이 즐겨 사용한다고 알려져 있다.